MARC LUBETZKI

IM KREIS DER
HERDE

VON WILDEN PFERDEN LERNEN

MIT KOSMOS MEHR ENTDECKEN
PFERDE
VERHALTEN
vom Tierfilmer erklärt
SEIT 1822

KOSMOS

»Die Herde ist für Pferde
der Mittelpunkt im Leben.«

Inhalt

04 Zuhause ist da, wo Pferde sind

06 INTO THE WILD – DIE WELT DER PFERDE

08 Rendezvous in den Bergen
15 Gemeinsame Mittagspause
19 Einladung in die Herde
22 SPEZIAL Annäherung – Die drei Grundstellungen
24 Eine bunte Familie
28 Der einsame Hengst
35 Das letzte Wasserloch
40 SPEZIAL Das System Herde – Eine große Sozialgemeinschaft

42 MOMENTS OF LIFE – DAS LEBEN IN DER HERDE

44 In love
48 Das Geheimnis der Stuten
57 Zeit der Veränderung
60 SPEZIAL Kommunikation – Gespräche zwischen Pferden
62 Der taffe Jährling
67 Der Tag der Entscheidung
70 Freunde fürs Leben
74 SPEZIAL Herdenwechsel – Was trotzdem bleibt
76 Männergespräche
80 Begegnung im Wald
84 Ausflug ans Meer
91 Auf der Flucht
96 Nightlife
100 SPEZIAL Rangordnung – Wie sich Pferde organisieren

102 LUNCHTIME – DIE SPEISEKARTE DER PFERDE

105 Graslands
108 Umzug
112 Bed & Breakfast
117 Winterweide
120 SPEZIAL Vielfalt der Pflanzen – Von der Wurzel bis zum Blatt

122 GOOD HOMES – EIN LEBEN IM GLEICHGEWICHT

125 Die Wiege der Pferde
128 Charakterköpfe
132 Afternoon at Haytor
136 Endlich Frühjahr
143 Wenn Pferde weinen
146 SPEZIAL In Balance – Im Einklang mit der Natur
148 In touch
152 SPEZIAL Pferde als Haustiere – Ein Leben voller Kompromisse

154 SERVICE

155 Nützliche Informationen
156 Zum Weiterlesen
158 Register

ZUHAUSE IST DA, WO PFERDE SIND

Als ich im Jahr 1987 auf einer Bergtour mit meinem Vater das erste Mal wilden Pferden begegnete, hätte ich niemals gedacht, dass Pferde einmal das zentrale Thema meines Lebens sein würden. Nach dieser flüchtigen Begegnung dauerte es allerdings noch vier Jahre, bis ich den ersten direkten Kontakt zu Pferden hatte. Genauer gesagt, zu einem Pony.

Es war meine damalige Freundin Eike, die mir unmissverständlich klarmachte: „Wenn du mich haben willst, dann nur zusammen mit Bessie." Bessie war ein kleines geschecktes Pony mit einer Rückenhöhe von 1,26 Meter. Entschlossen machte ich mich zusammen mit Eike auf den Weg zur Pferdeweide. Als der kleine Wirbelwind dann allerdings im gestreckten Galopp direkt auf uns zukam, versteckte ich mich doch lieber hinter meiner Freundin.

Die Hälfte des Jahres unterwegs mit Wildpferden.

Diese grinste und setzte noch einen drauf: „Was hältst du davon, wenn wir zusammen die Osttürkei durchqueren – zu Pferd?" „Ja, klar", erwiderte ich scherzhaft. Ein paar Tage später saß ich das erste Mal auf einem Pferd, natürlich in der Türkei. Es war ein tolles Abenteuer und ich fühlte vom ersten Moment an eine tiefe Verbundenheit zu den gutmütigen arabischen Pferden, auf denen wir ritten.

VON WILDEN PFERDEN LERNEN

Zurück in Deutschland machten wir uns dann umgehend auf die Suche nach einem Pferd für mich, und so kamen wir zu der Knabstrupperdame Prinny. Prinny war dann auch das Pferd, das mein Leben grundlegend veränderte. Pferde waren fortan der Mittelpunkt.
Nach Prinny folgten der Knabstrupper Island Little Sunspot, die Andalusierstute Ramona und der Lusitano Fado.
Vom ersten Tag an hatte ich glücklicherweise große und geduldige Unterstützung von vielen erfahrenen Pferdemenschen. Das war sehr gut, denn ich hatte viel zu lernen.
Immer wieder hörte ich den berühmten Satz: „Die Pferde sind unsere Lehrmeister." Trotzdem dauerte

Pferde zu halten, bedeutet für uns, gemeinsam mit ihnen zu leben.

Fado kam als 5-jähriger Hengst zu uns.

es noch einmal fast zwanzig weitere Jahre, bis ich diese Aussage für mich modifizieren konnte in: „VON WILDEN PFERDEN LERNEN." Ja, es dauerte tatsächlich ziemlich lange, bis ich anfing, Fragen zu stellen, auf die ich keine befriedigenden Antworten bekam. Fragen wie:

— Wie groß sollte eine Herde sein?
— Was bedeutet Rangordnung für wilde Pferde?
— Wie lange bleiben Fohlen in der Herde?
— Wie entstehen Freundschaften zwischen Pferden?
— Wie wechseln Pferde von sich aus die Herde?
— Leben mehrere Hengste in einer Herde?
— Was passiert, wenn ein Pferd in Freiheit stirbt?
— Welche Kontakte bestehen zwischen Herden?
— Wie sieht natürliche Kommunikation aus?
— Wie ist die Aufgabenverteilung in der Herde?
— Welche Pflanzen fressen Wildpferde?
— Wie kann man Umgang und Haltung verbessern?
— Kann ich meinem Pferd die Führung überlassen?

Ja, ich hatte unzählige Fragen, und schnell wurde mir klar, dass ich wilde Pferde nicht nur aus der Entfernung beobachten konnte, um die Antworten zu finden. Wollte ich erfahren, wie sie wirklich leben, musste ich es schaffen, dass sie mich in den Kreis ihrer Herde aufnehmen.

EXPEDITION PFERD

Seit acht Jahren bin ich jetzt draußen in 17 verschiedenen wild lebenden Herden, um erste Antworten auf diese Fragen zu finden, und freue mich, in diesem Buch meine Erlebnisse und Erkenntnisse aus fünf unterschiedlichen Gebieten zu teilen. Außerdem freue ich mich darüber, dass, während ich hier sitze, unsere liebe Prinny immer noch munter vor unserem Küchenfenster grast. Eike hätte damals wohl auch nicht gedacht, dass ihr neuer Freund, der bis dahin noch gar nichts mit Pferden zu tun hatte, so ein Pferdenarr wird. Tja, und im Mai 2019 feierten wir tatsächlich Silberhochzeit. An dieser Stelle muss ich einfach Danke sagen an meine liebe Frau. Sie hat mich vor knapp 30 Jahren nicht nur in die Welt der Pferde geschubst, sondern mir auch viele Jahre den Rücken freigehalten. Sie kümmert sich liebevoll um unsere Tiere, während ich auf Drehreisen bin. Natürlich sehe ich heute Pferde mit anderen Augen und wünsche mir, dass besonders Pferdehalter viele Anregungen aus diesem Buch mitnehmen. Oft sind es nur kleine Veränderungen, die große Verbesserungen in Haltung und Umgang mit Pferden bewirken, und genau dafür werde ich dezente Hinweise geben.

„Weil wir Pferde lieben."
Marc Lubetzki

INTO THE WILD

— *Die Welt der Pferde*

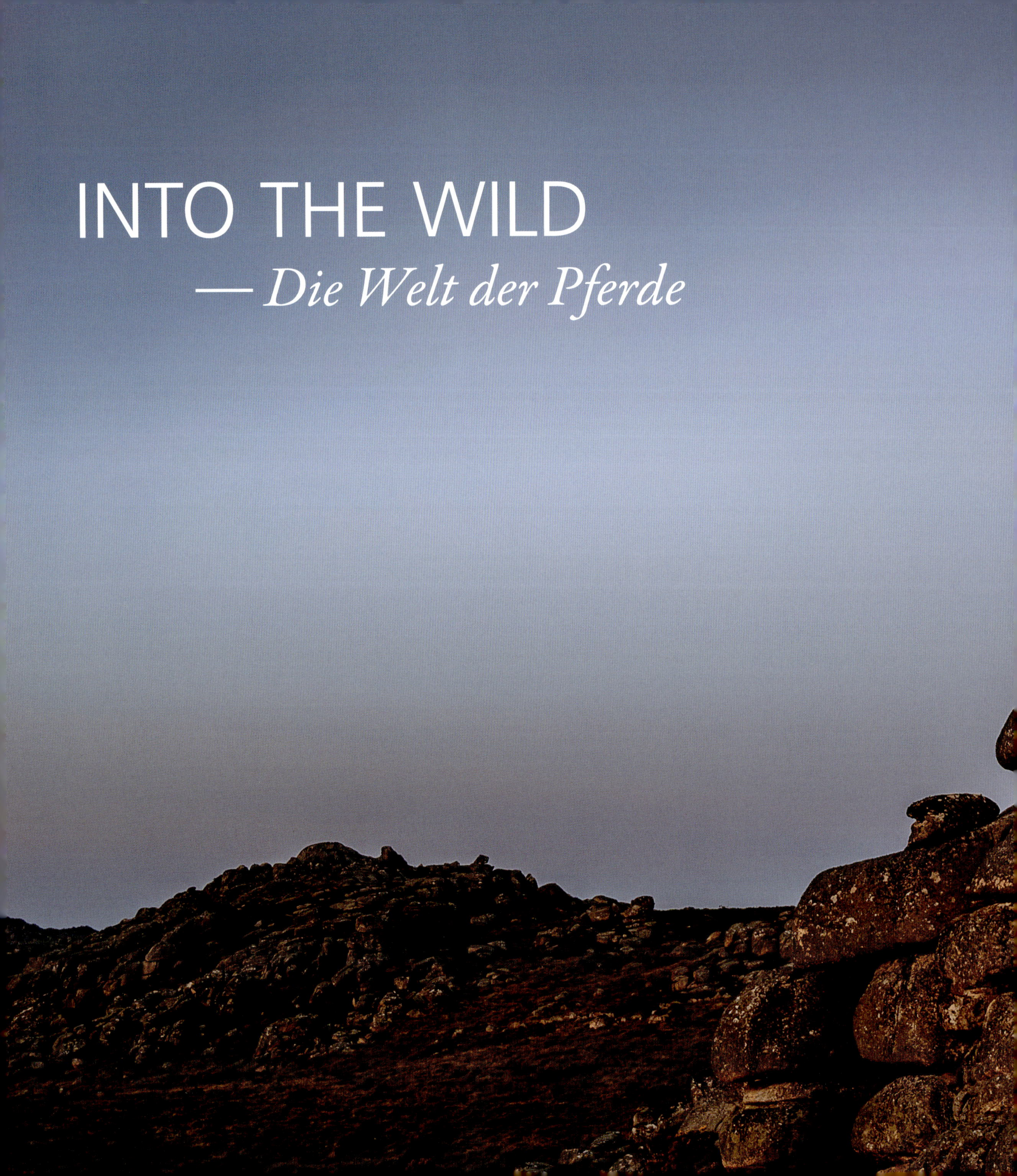

RENDEZVOUS IN DEN BERGEN

Die Luft ist kristallklar. Ich stehe auf einem mächtigen Granitfelsen und blicke in eine endlose Berglandschaft, in der seit über 10.000 Jahren wilde Pferde leben. Trotz grandioser Fernsicht kann ich aber kein einziges Tier entdecken. Dennoch warte ich eine Stunde, bevor ich wieder von meinem Aussichtspunkt hinabsteige.

Es ist wichtig, dass ich zur Ruhe komme, denn um in die Welt der wilden Pferde einzutreten, muss man entspannt sein. Anders geht es gar nicht. Zu fein sind ihre Sinne. Wilde Pferde würden sofort fliehen, wenn sich ihnen jemand nähert, der angespannt oder aufgeregt ist.

Okay, ich bin ein lässiger Typ, es kann losgehen. Nee, einen Moment noch. Wir Menschen sind anatomisch anders gebaut als Pferde. Nicht nur, dass wir auf zwei Beinen laufen, auch am Kopf werden die Unterschiede zu Pferden sichtbar. Unsere Augen sind, wie bei den meisten Raubtieren, nach vorne gerichtet. Unsere Nase sitzt in der Mitte unseres Gesichts und die meisten Menschen können auch nicht schön mit den Ohren wackeln wie Pferde. Ja, und der Hals erst: Im Vergleich zu Pferden sitzt unser Kopf doch eher auf einem kurzen und unbeweglichen Stummel.

Pferde haben dagegen einen langen und sehr mobilen Hals, obwohl sie, genauso wie wir und fast alle anderen Säugetiere auch, nur sieben Halswirbel besitzen.

Erst mal ankommen. Es dauert mehrere Tage, bis ich mich an die Bergwelt im Norden Portugals gewöhnt habe.

Durch unseren Körperbau sind wir als Mensch in der Kommunikation mit Pferden also schon einmal deutlich eingeschränkt. Daher ist es umso wichtiger, dass ich mir Gedanken darüber mache, wie sie mich wahrnehmen.
Sehr wichtig für Pferde ist ihre, für Pflanzenfresser typische, visuelle Wahrnehmung. Sie haben fast einen Rundumblick und reagieren empfindlich auf waagerechte schnelle Bewegungen. Einfach gesagt: „Sie scannen ihre Umgebung auf alles ab, was sich bewegt wie ein Wolf." Und Wölfe gibt es hier viele. In der letzten halben Stunde bin ich drei Mal fast in Wolfskacke getreten. Das liegt daran, dass Wölfe, genauso wie wir Menschen, sehr gerne auf breiteren Pfaden laufen. Aber anders als Hunde, die häufig rechts und links vom Wegesrand schnüffeln, laufen

Peneda-Gerês Nationalpark

Der seit 1971 geschützte Peneda-Gerês Nationalpark liegt im Norden Portugals. Insgesamt ist er 700 km² groß, wobei sich die streng geschützte Kernzone auf 50 km² beläuft. Neben ca. 1.600 wilden Pferden und 300 bis 400 Wölfen ist der Gerês auch die Heimat von Wildkatzen, Ottern, Steinadlern, Uhus, Rehen, Wildschweinen und den landestypischen Cachena-Rindern. In dem Gebiet herrscht ein atlantisch-mediterranes Klima, wobei durch die Höhe von bis zu 1.500 Metern im Winter Schnee keine Seltenheit ist. Und auch sonst ist es kühler und regenreicher, als man es für Portugal erwartet.

Wölfe schnurgerade ihr Revier ab. Ihre Losung erkennt man hier im Peneda-Gerês Nationalpark sehr leicht an den vielen Pferdehaaren. Daher vermeide ich jede schnelle Bewegung und beuge meinen Oberkörper auch nicht nach vorne, sondern gehe aufrecht und ganz gemütlich den vor mir liegenden Hang weiter abwärts in Richtung Wald. So können die Pferde schon von Weitem erkennen, dass ich kein Raubtier auf der Jagd bin.

Je näher ich dem Wald komme, desto mehr Zweige und Tannenzapfen liegen auf dem Boden. Ich mache einen unbedachten Tritt, schon knackt es laut und die Stille ist für einen kurzen Moment durchbrochen. „Mist!", denke ich, denn ich weiß, dass Pferde sehr geräuschempfindlich sind. Außerdem können sie mithilfe ihrer beweglichen Ohren sehr genau die Richtung und Entfernung eines Geräusches bestimmen.

Na ja, wenigstens rieche ich ganz gut. Nicht, dass ich in Parfüm gebadet hätte – nein, das Gegenteil ist der Fall. Außer nach Kokosfett, vermischt mit ein paar ätherischen Ölen als natürliche Abwehr gegen Zecken und Moskitos, dufte ich nur ein klein wenig nach ehrlichem Männerschweiß.

Im Ernst: Es ist von Vorteil, wenn wir als Mensch natürlich riechen und außerdem nicht wie ein Raubtier. Das ist allerdings nur einer der Gründe, warum ich seit vielen Jahren Vegetarier bin. In der Summe ist es eigentlich ganz einfach: Will ich mit Pferden zusammenleben, passe ich mich ihnen so gut wie möglich an und vermeide alles, was sie verunsichern könnte.

Das Laufen zwischen den Felsen ist überraschend angenehm.

Kot von Tieren sollte man nicht anfassen.

Pferdehaare in der Losung von Wölfen.

»Die schönsten Dinge passieren, wenn du überhaupt nicht damit rechnest.«

In den Tälern ist die Vegetation üppiger und bietet für Wildtiere viele Verstecke.

NATÜRLICHE STILLE

Der lichte Waldboden federt jeden meiner Schritte sanft ab und der Geruch von feuchten Moosen dringt tief in meine Nase. Als dann auch noch die Sonne über den Bergkamm steigt und wärmend durch die Tannen scheint, muss ich einfach stehen bleiben. Ich schließe meine Augen für einen Moment und horche tief in den Wald hinein. Ich höre ein leichtes Rauschen der Zweige im Wind. Ab und zu zwitschert leise ein kleiner Vogel.

Ach ja, so still, wie es mir zunächst vorkam, ist es hier gar nicht. Ich muss mir nur die Zeit nehmen, um aufmerksam hinzuhören. Ein Geräusch vermisse ich allerdings sehr: das fröhliche Wiehern eines Pferdes oder wenigstens ein leises Schnaufen. Ach, wäre das schön. Aber es ist nichts zu hören, außer der zarten Melodie des Waldes.

Hier, in der streng geschützten Kernzone des Peneda-Gerês Nationalparks scheint die Zeit stehen geblieben zu sein und die Natur wirkt vollkommen unberührt. Eine Schlucht nach der anderen macht jede Wanderung zum Kraftakt. Tausende meterhohe Felsen und eine unbeschreiblich vielfältige Vegetation bieten unzählige Verstecke für die wilden Pferde.

Das Urpferdchen

Überreste vom Urpferdchen wurden in der Grube Messel bei Frankfurt gefunden. Wissenschaftler haben sein Erscheinungsbild und Gangmechanismus am Computer rekonstruiert. Es war etwa fuchsgroß und sah fast wie ein Tapir aus. Und doch hat das Urpferdchen mit vielen wild lebenden Pferden etwas gemeinsam. Das Urpferdchen war nämlich ein Waldbewohner und hat sich vor Raubtieren versteckt. Genau dieses Verhalten zeigen wilde Pferde auch heute noch, wenn sie in bewaldeten Regionen leben. Verhalten ist also sehr eng mit dem Lebensraum verknüpft.

Ohne Pferde ist die Welt nur halb so schön.

Egal, ich habe Zeit, und früher oder später werde ich schon ein Pferd entdecken. In den letzten Jahren habe ich gelernt, dass du in der Natur nichts erzwingen kannst, und wenn du überhaupt nicht damit rechnest, passiert häufig etwas ganz Wundervolles.

Ich setze meinen Rucksack ab und trinke einen Schluck, als ich einen Blick in meinem Nacken spüre. Vorsichtig setze ich meine Flasche ab und drehe mich ganz langsam um. Aus dem Augenwinkel kann ich einen dunklen Schatten zwischen den mit Moos bewachsenen Felsen entdecken.

Tatsächlich, in etwa 200 Metern Entfernung steht ein einzelner Hengst. Der Dunkelbraune hat mich genau im Visier. Seine funkelnden Augen sind hellwach. Ich bleibe daher einfach ruhig sitzen und warte ab. Nach zwei Minuten beginnt er entspannt zu grasen. Auf der Suche nach frischem Grün wandert er ganz allmählich immer höher in die Berge und ich lasse ihm etwas Vorsprung, bevor ich ihm mit großem Abstand folge. Auch wenn uns fast 300 Meter trennen, ist es ein tolles Gefühl, ihm zu folgen. Nun bin ich doch etwas aufgeregt. Wohin wird er wohl gehen? Ich hoffe insgeheim, dass er auf dem Rückweg zu seiner Herde ist.

Der Hengst hat mich entdeckt. Solange ich die natürliche Fluchtdistanz einhalte, bleibt er entspannt.

GEMEINSAME MITTAGSPAUSE

Seit mehreren Stunden halte ich nun schon penibel so viel Abstand von den Pferden, dass ich ihre Fluchtdistanz keinesfalls unterschreite. Den Pferden scheint das zu gefallen. Trotzdem läuft es noch nicht so ganz rund, denn immer wieder schaut ein Tier aus der Herde zu mir herüber.

Was kann ich tun, damit sie wieder vollkommen ungestört ihren Beschäftigungen nachgehen? Ich fühle mich von meiner Idee, Teil der Herde zu werden, bestätigt. Es scheint keine bessere Möglichkeit zu geben, um natürliches Pferdeverhalten zu erforschen. Klar, ich könnte auch irgendwo zwischen den Felsen ein Versteck einrichten und mit einem riesigen Teleobjektiv das Leben in der Herde festhalten. Aber das ist wohl keine gute Option. Erstens glaube ich nicht, dass die Pferde dadurch entspannter wären, als sie es jetzt bereits sind. Sie würden, ähnlich wie der Hengst, der mich ungewollterweise zu ihnen geführt hat, immer wieder beunruhigt die Gegend absuchen, da sie genau wissen, dass sie nicht alleine sind. Zweitens müssten sie nur ein paar hundert Meter weiterziehen und schon würden ein paar Felsen oder Büsche die Sicht verdecken. Kein Wunder also, dass so wenig über die Pferde hier oben in den Bergen bekannt ist, da es schwer ist, sie zu beobachten.
Die Pferde, vor denen ich stehe, sind Garranos. Sogar in ihrem Ursprungsland, hier in Portugal, wissen nur wenige Menschen von ihrer Existenz. Sie stehen im Schatten der beliebten Lusitanos. Auch eines meiner Pferde zu Hause ist ja ein Lusitano. Er heißt Fado, was die portugiesische Bezeichnung für einen landestypischen Musikstil ist.

Fado ist ein imposanter und gleichzeitig sensibler Dunkelfuchs, der aber auch ab und zu ein paar wilde Momente zeigt. Typisch für ihn ist auch, dass er neugierig auf Menschen zugeht, auch wenn er dabei Fremden gegenüber zurückhaltend ist. Im Moment kann ich mir allerdings überhaupt nicht vorstellen, dass einer der wilden Garranos aus dieser Herde jemals von sich aus zu mir kommen wird, denn die Pferde hier oben in den Bergen sind sehr scheu und haben sonst keinen Kontakt zu Menschen. Ich halte kurz inne und frage mich: „Warum sollten Wildpferde Interesse am Menschen haben? Sie kommen doch sehr gut ohne unser Dazutun zurecht.“ Ich spekuliere auf ihre ausgeprägte soziale Veranlagung und ein starkes Bedürfnis, in der Gruppe zu leben. Verhalte ich mich genauso, wie sie es tun, bestünde dann die Möglichkeit, dass wild lebende Pferde mich in ihre Herde aufnehmen?

»Um Pferde zu verstehen, hilft es, sich ihrem Rhythmus anzupassen.«

Viele Signale der Körpersprache sind universal und werden selbst bei abweichender Anatomie artübergreifend verstanden.

WER MACHT WAS?

Ich schaue genauer hin und beobachte, was die einzelnen Pferde machen. Dabei fällt mir schnell auf, dass alle Pferde unterschiedlichen Beschäftigungen nachgehen.

Der Althengst steht ruhig und entspannt am Rand der Herde. Zwei Stuten sind eifrig am Grasen, während eine andere auf der Seite liegt und ruht. Macht das jetzt mein Vorhaben, mich den Pferden anzunähern, schwerer oder leichter? Ist es egal, ob ich ruhig sitzen bleibe oder ob ich etwas zu essen raushole?

Nach einer weiteren halben Stunde bemerke ich, dass eine der beiden Stuten aufhört zu fressen und sich zum Ruhen hinstellt. Als noch eine weitere Stute das Fressen einstellt, wird es offensichtlich. Die Herde befindet sich im Übergang von der Nahrungsaufnahme zur Ruhephase. Ich nutze die Möglichkeit, solange sich noch ein Tier beim Fressen leicht fortbewegt, um mich langsam zu nähern. Dabei gehe ich nicht direkt auf die Herde zu, sondern bewege mich auf langen Zickzacklinien. Zwischendurch bleibe ich immer wieder kurz stehen. Ich übernehme dabei den Rhythmus der grasenden Stute.

Damit die Garranos deutlich sehen können, dass ich in freundlicher Absicht komme, blicke ich die meiste Zeit auf den Boden. Nachdem ich mich auf diese Weise um fünfzehn Meter angenähert habe, bleibe ich stehen. Als Zeichen der Entspannung winkle ich eines meiner Beine an und setzte meinen Fuß ruhend auf der Spitze ab. Auch die letzte Stute hört jetzt auf zu fressen und bleibt stehen. Die nächsten drei Stunden wird nichts weiter passieren. Alle Pferde ruhen und genießen die wärmende Frühjahrssonne.

Als Zeichen der Entspannung stelle ich meinen Fuß …

… genauso ab, wie Pferde es beim Ruhen machen.

Natürlich würde ich nun gerne Aufnahmen von den schlafenden Pferden machen. Aber jetzt zurück zum Rucksack zu gehen und die Kamera auszupacken, würde das fragile Band des Vertrauens zwischen der Herde und mir schlagartig zerreißen lassen.
Den größten Fehler, den ich jetzt begehen könnte, wäre mich zu bewegen und meinen Standort zu verändern. Die Pferde würden es nicht verstehen und wären, obwohl ich immer noch fast einhundert Meter von ihnen entfernt bin, irritiert.
Verständlich, sie haben für ihre Mittagsruhe einen perfekten Ort ausgewählt. Auf der einen Seite haben sie Schutz durch große Granitfelsen und die andere Seite gewährt einen guten Blick in das nächste Tal. So stehen sie hier geschützt und bemerken trotzdem sofort, wenn sich andere Tiere nähern.

Die Spiegeltechnik

Die Spiegeltechnik ist eine sehr einfache und wirksame Technik. Man beginnt zunächst, wenige Gesten nachzuahmen. Nach und nach gelingt es, vollkommen synchron mit den Pferden zu sein. Dabei werden zunächst nur Körperhaltung, Gestik und Mimik übernommen. Erst später kommen auch Atmung und Geräusche dazu. Der Grundgedanke des Spiegelns ist, Vertrauen und Harmonie herzustellen. Ein weiterer toller Effekt ist, dass man sein Gegenüber besser versteht und sich sehr gut in ihn hineinversetzen kann. Bei den meisten wild lebenden Herden dauert es fünf Tage, bis ich ohne nachzudenken im Einklang mit den Pferden bin.

Der alte Hengst ist vom langen Leben in der Wildnis gezeichnet. Aber seine Erfahrung gibt seiner Herde Sicherheit.

EINLADUNG IN DIE HERDE

Eine Stute mit Fohlen steht außer Sichtweite ihrer Herde. Nur ein alter Hengst befindet sich in ihrer Nähe. Während der erfahrene Hengst aufmerksam in den angrenzenden Wald blickt, verrät das aktive Ohrenspiel der Stute, dass ihre Aufmerksamkeit bei dem Althengst liegt. Das Fohlen dagegen orientiert sich ausschließlich an seiner Mutter.

Das Fohlen ist etwas unruhig. Nicht nur, dass es ständig versucht, mit seinem kleinen Stummelschweif Moskitos zu vertreiben, nein, die Nervosität des Fohlens kann man vor allem daran erkennen, dass es nichts von selbst unternimmt. Es hält sich ganz dicht an seiner Mutter. Das Verhalten des Fohlens, der Abstand zwischen den erwachsenen Pferden, dazu die Körpersprache der Stute und die nach außen gerichtete Aufmerksamkeit des Hengstes zeigen deutlich, dass die Stute und ihr Fohlen aus einer anderen Herde kommen. Diese befindet sich noch im angrenzenden Wald. Der Wechsel der Stute in die Herde des alten Hengstes steht jetzt unmittelbar bevor. Seine Herde befindet sich nur 500 Meter entfernt am Fuße eines Berges. Ich bin sehr gespannt, wie die Stute und ihr Fohlen in die neue Herde integriert werden.

PFERDE HABEN ZEIT

Es vergeht eine Viertelstunde. Nichts passiert. Der alte Hengst hält weiter respektvoll Abstand. Er bewegt sich immer mal wieder ein paar Schritte, Stute und Fohlen bleiben dagegen die ganze Zeit auf der gleichen Stelle stehen. Dann startet der Hengst einen ersten Annäherungsversuch. Vorsichtig geht er ein paar Meter auf die Stute zu, senkt seinen Kopf und beginnt zu grasen. Nach einer Weile dreht sich die Stute um und schaut nun das erste Mal in seine Richtung. Dabei ist sie völlig entspannt und hat ein Hinterbein zum Ruhen aufgestellt.

Zwei deutliche Signale für den Hengst, weshalb er sich jetzt der Stute weiter annähert. Er bewegt sich dabei im ruhigen Schritt frontal auf sie zu. Seinen Kopf trägt er in entspannter Haltung. Erst als der alte Hengst drei Meter vor der Stute steht, richtet er sich voller Stolz auf. Innerhalb von Sekunden verändert sich seine gesamte Ausstrahlung und die vielen Blessuren seines langen Lebens in der Wildnis werden von seiner starken Präsenz überstrahlt. Tiefe Narben am Hals sind stumme Zeugen seiner erfolgreichen Kämpfe gegen Wölfe und auch sein rechtes Auge ist stark in Mitleidenschaft gezogen. Aber all die schweren Momente der Vergangenheit spielen jetzt keine Rolle.
Nun will er diese Stute und ihr Fohlen für seine Herde gewinnen. Die Stute ist im besten Alter. Bei ihr handelt es sich also nicht um eine junge unerfahrene Stute, die leicht zu haben ist. Nein, sie weiß genau, was sie will. Das zeigt sie dann auch in dem Moment, in dem sich der alte Hengst so stolz präsentiert. Seine Anfrage be-

Aufgaben der Hengste

Nur der Althengst lädt andere Pferde in die Herde ein. Nachwuchshengste und Stuten sind an diesem Ritual nicht beteiligt. Außerdem hat kein Tier aus der Herde das Recht, ein fremdes Pferd zu verjagen. Diese Entscheidung wird ausschließlich vom Althengst getroffen. Allerdings steht es jedem Tier frei, die Herde von selbst zu verlassen.

Die erfahrene Stute weiß genau, was sie will. Sie verlässt die Herde nicht ohne Grund.

antwortet sie, indem sie sich klein macht, ihr Gewicht nach hinten verlagert und die Ohren zurücknimmt. Nur einen Bruchteil später wendet der alte Haudegen sich ab und entfernt sich auf einer Halbkreislinie. Drei Meter mehr Abstand genügen der Stute und sofort ist sie wieder entspannt. Als der Hengst dann stehen bleibt, setzt sich die Stute in Bewegung. Ohne anzuhalten trabt sie, dicht gefolgt von ihrem Fohlen, direkt in die Mitte der neuen Herde. Der alte Hengst folgt ungefähr zehn Meter hinter den beiden. Die anderen Stuten in der Herde schauen nur einmal kurz auf und grasen einfach weiter.

EINE NEUE FAMILIE

Für einen Moment sieht es so aus, als wäre damit der Wechsel der Stute mit ihrem Fohlen in die neue Herde abgeschlossen. Aber dann klettert die Stute immer weiter den Berg hoch und entfernt sich allmählich wieder von der Gruppe. Erneut folgt der Hengst ihr, und so sind die drei wieder weit entfernt von der Herde. Diesmal geht der alte Hengst direkt auf die Stute und ihr Fohlen zu, macht aber vor ihnen einen Halbkreis um sie herum und beginnt hinter den beiden zu grasen. Das Freigeben des direkten Weges in seine Herde ist eine deutliche Einladung für die Stute.
Dieser Einladung folgt die Stute und geht im Schritt vorsichtig den Berghang zurück zu den anderen Stuten. Der Hengst folgt ihr diesmal nicht bis in seine Herde, sondern bleibt weiter oben am Berg stehen. Von dort aus kann er beobachten, wie seine Stuten zusammen weiterziehen. Doch plötzlich schlägt seine neue Eroberung einen anderen Weg ein und entfernt sich ein zweites Mal von der Herde. Augenblicklich galoppiert er den Berg hinunter und folgt ihr durch das nächste Tal auf einen riesigen Granitfelsen. Dort verbringen die drei zusammen die Nacht, während der Rest der Herde im dichten Wald verschwindet.

DER NÄCHSTE MORGEN

Bei Tagesanbruch bricht die Stute zusammen mit ihrem Fohlen erneut auf. Zielstrebig verlässt sie den Felsen, wandert durch die nächste Schlucht und klettert ein gewaltiges Bergmassiv empor. Das kleine Fohlen hat Mühe mitzukommen, doch die Stute

macht keine Pause. Der alte Hengst bleibt dagegen zwischen den Felsen stehen und schaut den beiden lange hinterher.
Er folgt ihnen nicht mehr und lässt sie ihres Weges ziehen. Nach zwanzig Minuten hält die Stute kurz an und blickt einmal zurück zu dem alten Hengst, der sich in der ganzen Zeit nicht einen Meter weiterbewegt hat. Kurz darauf geht die Stute zusammen mit ihrem Fohlen weiter und auch der Hengst dreht sich um und verlässt seinen Aussichtsposten.

ALLES ZURÜCK AUF ANFANG

Ich bin hin- und hergerissen. Wem soll ich jetzt folgen? Der Stute mit dem Fohlen oder dem alten Hengst? Nach einem kurzen Zögern gehe ich der resoluten Dame hinterher. Der Berg ist verdammt steil. „Wie kann sie das nur machen, mit dem kleinen Fohlen hier hochkraxeln?", fluche ich leise, als sich mir wenig später der Grund offenbart. Im nächsten Tal grast friedlich ihre alte Herde. So ist für die beiden alles wieder in bester Ordnung und ich drehe um, um den alten Hengst wiederzufinden.
Der Hengst hat einiges riskiert. Er hat sich viel Zeit für die Einladung der Stute genommen und dabei seine Herde verloren. Seine vier Stuten und zwei Fohlen stehen jetzt ohne seinen Schutz irgendwo in den Bergen. Trotzdem ist er vollkommen ruhig. Schritt für Schritt geht er voran. Nach fast fünfzehn Kilometern Klettertour wird es langsam dunkel und er verbringt die Nacht unterhalb eines riesigen Felsens.
Von seiner Herde ist weit und breit nichts zu sehen. Trotzdem strahlt er immer noch eine beruhigende Gelassenheit aus, als ich mich zum Schlafen hinlege. Noch vor Sonnenaufgang macht er sich wieder auf den Weg. Gemütlich grasend wandert er zu einem großen Plataeu. Am Rand der Hochebene wartet geduldig seine alte Stute und die beiden gehen gemeinsam zurück in ihre Herde, die nur wenige Meter weiter versteckt zwischen Felsen und hohen Tannen ruht. Was für ein aufregender und zugleich friedlicher Prozess.

Leise hauche ich in Richtung des alten Hengstes: „Also ich hätte deine Einladung angenommen. Ich finde dich und deine Herde klasse. Auch oder gerade weil du vom Leben so gezeichnet und trotzdem so freundlich und respektvoll bist."
Ich weiß nicht, ob er meinen Wunsch verstanden hat oder ob ich einfach nur gelernt habe, wie wilde Hengste die Einladung in ihre Herde aussprechen. Auf jeden Fall holte er mich bei meinem nächsten Besuch zweimal nach dem gleichen Muster in seine Herde. Natürlich bin ich geblieben, wodurch ich nicht nur unmittelbar an ihrem Sozialleben teilnehmen, sondern auch viele Fotos für dieses Buch machen konnte.

Der alte Hengst beobachtet in Ruhe, was die Stute macht.

01

ANNÄHERUNG
— *Die drei Grundstellungen*

Für Pferde ist die Einhaltung der Etikette sehr wichtig. Dazu gehört auch die Begrüßung. An der Körperstellung erkennt man dabei die Beziehung zwischen zwei Pferden. Das gilt nicht nur innerhalb einer Herde. Auch wenn sich Pferde aus verschiedenen Gruppen begegnen, halten sie respektvoll die Grundstellung bei der Annäherung ein.

IN BLICKRICHTUNG

Nähert sich ein Pferd einem anderen von hinten, ist das ein Zeichen für große Vertrautheit. Am häufigsten sehen wir diese Form der Annäherung zwischen einem Althengst und seinen Lieblingsstuten. Dabei muss das nicht zwingend der Beginn der Paarung sein. Auch Stuten, die eine enge Bindung zueinander haben, nähern sich von hinten. Beobachten können wir das sehr gut, wenn die Herde sich in eine Ruhephase begibt, einige Pferde bereits ruhen und andere dann nach und nach „einparken". Die Annäherung von hinten erfolgt allerdings immer sehr behutsam und ist stets mit einem leichten Zögern und Abwarten auf die Zustimmung des anderen Tieres verbunden.

VON DER SEITE

Gute Kumpel können sich einfach seitlich umarmen. Na ja, vielleicht nicht im wörtlichen Sinne, aber wir können die Annäherung von der Seite mit zwei guten Freunden vergleichen, die sich locker auf die Schulter klopfen und fragen: „Na, wie geht's?". Tatsächlich berühren sich Pferde, die sich gut kennen, häufig an der Schulter. Nur klopfen sie natürlich nicht drauf, sondern nehmen zunächst vorsichtig Nasenkontakt auf und berühren sich später auch an der Schulter.

FRONTAL

Pferde, die sich noch nicht so lange kennen oder keine enge Beziehung zueinander haben, begegnen sich immer frontal. Dabei gehen sie direkt aufeinander zu und bleiben mit respektvollem Abstand voreinander stehen. An dieses Ritual halten sich auch Pferde, die aus unterschiedlichen Herden stammen. Im Anschluss an die Begrüßung ist es dann aber durchaus möglich, das die Pferde auch eine seitliche oder gleichgerichtete Körperstellung einnehmen.

02

03

01 Die Tiere rücken zusammen. Für die Annäherung von hinten ist großes Vertrauen und Harmonie in der Gruppe nötig.

02 Ein Junghengst (rechts im Bild) beginnt die Annäherung zum Althengst mit einem Nasenkontakt im rechten Winkel.

03 Zwei Althengste aus verschiedenen Herden begegnen sich auf Augenhöhe. Dabei nähern sie sich immer frontal.

EINE BUNTE FAMILIE

Je größer eine Familie ist, desto lockerer werden Besucher aufgenommen. Wir kennen das von uns Menschen. Wenn in einer Großfamilie mit vielen Kindern und Enkelkindern alle unter einem Dach leben und ein Kind einen Freund zum Essen mitbringt, dann fällt das kaum auf. Es sitzt einfach einer mehr am Tisch und fertig. So ähnlich ist das auch bei Pferden.

Kein Wunder also, dass meine erste Einladung in eine Herde in einer großen Pferdegruppe erfolgte. Wobei ich an dieser Stelle die „Einladung“ etwas relativieren muss. Diese fällt nämlich bei Herden mit vierzig oder mehr Pferden selten so formell aus wie das der alte Hengst in den Bergen gezeigt hat. Das liegt daran, dass in großen Herden grundsätzlich mehr Bewegung herrscht und auch öfter mal ein Pferd die Herde wechselt. Trotzdem muss man schon warten, bis man die Erlaubnis bekommt, in den Kreis der Herde einzutreten.

WILDE KONIKS

Ich sitze im hohen Sumpfgras. Vor mir befindet sich eine große Herde wilder Koniks. Es ist schwer, sie zu zählen. Ich versuche immer wieder, ihre Anzahl festzustellen, aber spätestens bei 30 verheddere ich mich jedes Mal.
Zu ähnlich sehen die Pferde aus und jede Bewegung in der Herde bringt mich aus dem Konzept. „Na gut“, denke ich, „es sind viele, und wie viele es genau sind,

Im Naturschutzgebiet Geltinger Birk bestehen die natürlich gewachsenen Herden aus allen Altersstufen.

kann ich ja noch später ermitteln. Irgendwann werden sie ja garantiert alle schlafen und sich kaum bewegen." Ich konzentriere mich nun mehr auf die einzelnen Tiere. Schnell bemerke ich einige Fohlen und Jährlinge in der Gruppe. Sie fallen durch ihre Größe sofort ins Auge.

Bei den erwachsenen Pferden wird es schon schwieriger. Bis auf zwei Koniks, die sich spielerisch ansteigen und offensichtlich Hengste sind, muss ich schon sehr genau hinschauen, um männliche und weibliche Tiere zu unterscheiden. Zu relaxt sind die Pferde. Da ist kein Hengst, der mit riesigem Gehabe auf mich zukommt, und auch keine Mutterstute, die sich schützend vor ihren Nachwuchs stellt. Ja, die Pferde beachten mich überhaupt nicht. „Perfekt", denke ich, „der Abstand passt und ich kann hier in Ruhe abwarten."

Zwei Stunden später schenkt mir immer noch kein Pferd seine Aufmerksamkeit. Klar, bemerkt haben sie meine Anwesenheit schon, als ich heute Morgen in Sichtweite gekommen bin. Trotzdem gehen sie ungestört ihren Beschäftigungen nach.

»Die Vielfalt in einer Herde ist die Grundlage für eine natürliche Balance.«

HURRA, DIE KONIKS KOMMEN!

Die ersten Tiere aus der Herde setzen sich langsam in Bewegung. Schlau, wie ich nun einmal bin, begebe ich mich an eine Stelle, die die Koniks bei ihrer eingeschlagenen Zugrichtung passieren müssen und so automatisch in meine Nähe kommen.
Als wenig später eine kugelrunde Stute auf mich zuwankt, hatte das dann aber doch eher weniger mit meiner Raffinesse zu tun. Im Laufe der nächsten Jahre musste ich nämlich immer wieder feststellen, dass Pferde sehr schnell und flexibel ihre Zugrichtung ändern können. Daher hatte ich also einfach nur Glück und konnte mich nun auf den ersten direkten Kontakt mit einer Stute freuen.

WIE AUS DEM LEHRBUCH

Lehrbuchmäßig bleibe ich auf den Knien hocken. Den Kopf gesenkt und meine Hand mit dem Handrücken nach oben leicht ausgestreckt, bin ich bereit, die Stute auf pferdisch zu begrüßen. Ich schließe meine Augen und warte geduldig auf unseren ersten Kontakt.
Ich höre sie näher kommen und denke: „Jetzt kann es nicht mehr lange dauern, bis ich ihren warmen Atem auf meinem Handrücken spüre“, als ich plötzlich leichte Erschütterungen durch den moorigen Boden wahrnehme.
Schlagartig öffne ich meine Augen, und wie aus dem Nichts kommt ein Hengst in mein Blickfeld. Er steuert nicht auf mich zu, sondern schneidet seiner

Souveräne Althengste sind unauffällig, haben aber ein perfektes Timing.

Ruhig, aber bestimmt. Ein Pferdetyp, dem sich sehr viele Tiere anschließen.

Stute den Weg ab. Er blockt sie, woraufhin sie sofort abdreht. Mich lässt der Hengst dagegen unbeachtet und zieht ohne anzuhalten an mir vorbei.
Das war ein deutliches Zeichen dafür, dass die Stute nicht berechtigt ist, eine Einladung in die Herde auszusprechen. Dieses Privileg obliegt dem Althengst. Frech und unerfahren, wie ich damals war, bin ich dem Hengst einfach hinterhergegangen. Glücklicherweise hat er mich und mein Verhalten toleriert und ich konnte mir seine Familie in Ruhe aus der Nähe ansehen. Zu diesem Zeitpunkt war ich überglücklich, so engen Kontakt zu der Herde zu bekommen. Aus heutiger Sicht war ich damals nur ein flüchtiger Besucher, aber immerhin bekam ich das erste Mal ein Gefühl dafür, wie bunt gemischt und sozial eine Pferdeherde wirklich ist.

Koniks in Deutschland

Das größte und wildeste Gebiet, in dem in Deutschland Koniks leben, ist die Geltinger Birk. Die Halbinsel in der Flensburger Förde steht unter strengem Schutz, wodurch ein großer Artenreichtum an Vögeln und Amphibien entstanden ist. Das Naturschutzgebiet ist ganzjährig für Menschen gesperrt. Allerdings ist es möglich, auf einem Wanderweg das Gebiet zu umlaufen und mit etwas Glück sieht man die wilden Koniks. Spätestens bei einer Anzahl von einhundert Pferden werden Tiere behutsam eingefangen und an andere Naturschutzgebiete oder an private Pferdeliebhaber abgegeben. Dabei wird darauf geachtet, dass die Biodiversität der Herden, die hier auf natürliche Weise entstanden ist, erhalten bleibt.

DER EINSAME HENGST

Die knorrigen Stängel des vertrockneten Heidekrauts machen bei jedem Schritt ein monotones Schleifgeräusch. Es ist unmöglich, sich lautlos fortzubewegen. Ich folge einem solitären Hengst. So nennen Biologen Tiere, die nur zur Paarung Gesellschaft haben und ansonsten alleine leben.

Ich frage mich, ob es Urpferderassen gibt, bei denen das auch der Fall sein könnte. In der Hauspferdehaltung ist es üblich, dass die Hengste separiert von den Stuten leben. Die Tiere werden dann, wenn überhaupt, nur zur Paarung zusammengeführt.
Bei anderen pferdeartigen Tieren kenne ich ein vergleichbares Sozialverhalten vom Grevyzebra. Das Grevy lebt im östlichen Afrika und bildet, anders als das Steppen- oder Bergzebra, keine gemischten Herden. Die Grevyhengste leben das ganze Jahr über getrennt von den Stuten und ihrem Nachwuchs. Dabei halten sich die Hengste in einem klar definierten Gebiet auf. Sie sind territorial und dulden keine anderen Tiere in ihrer Nähe. Einmal im Jahr kommen dann Gruppen mit Stuten durch ihr Gebiet und paaren sich mit ihnen. Anschließend ziehen die Stuten wieder weiter.

WIE HENGSTE LEBEN

Wenn es ein ähnliches Verhalten bei wild lebenden Pferden geben würde, könnte man damit die übliche isolierte Haltung von Hengsten legitimieren? Puh, das war ja nun nicht gerade meine Motivation, um Wildpferde zu erforschen. Aber ich will offen sein für alle erdenklichen Ergebnisse.
Meine Gedanken werden durch das laute Rascheln der Vegetation am Boden unterbrochen. Kurz darauf bleibt der Dunkelbraune stehen und blickt in die malerische Landschaft. Erleichtert stelle ich fest, dass der einsame Hengst zumindest viel mehr Platz hat als jeder Hengst, der in einer engen Pferdebox steht, es sich je erträumen könnte.
So langsam frage ich mich, was der Hengst da macht. Er ist vollkommen entspannt und blickt in die Ferne. Sucht er nach anderen Pferden oder will er einfach nur für sich sein? Ich selbst genieße die Ruhe und Abgeschiedenheit. Es tut gut, über die sanften Hügel zu wandern, immer mal wieder stehen zu bleiben und in die Ferne zu schauen. Die im Gegenlicht und Morgendunst eintönig wirkende Landschaft mit dem Hengst als einzigem kleinen Fixpunkt erinnert mich an die Gemälde von Caspar David Friedrich.

SCHUTZ VOR PARASITEN

Ich mache ein paar Fotos und fühle mich in eine andere Zeit versetzt. Ich beginne gerade melancholisch zu werden, als die romantische Szenerie durch das Erwachen der Moskitos unterbrochen wird. Ich versuche die kleinen lästigen Biester von meinen Ohren fernzuhalten. Auch der Hengst schüttelt kräftig seinen Kopf. Sein dichter Schopf und seine stark behaarten kleinen Ohren halten bestimmt gut die kleinen Kribbelmücken ab.

Auch beim Laufen fressen die Pferde Gras.

Von so viel Platz können Pferde in Boxenhaltung nur träumen.

Ich dagegen muss einiges an Federn lassen. Nicht nur, dass mein Kopf total zerstochen ist, gegen Abend bemerke ich dann auch Tiny Little Ticks. Das sind ganz kleine, kaum zu erkennende Zecken. Als ich mir die Parasiten wieder aus der Haut drehe, ist meine bis dahin gute Stimmung vollkommen dahin. Ich ärgere mich über mich selbst. Zu leichtfertig bin ich mit der Anwesenheit der kleinen Tierchen umgegangen. Dabei ist es so einfach, sich zu schützen.

Ein Kopftuch, dass die Ohren vor den Stechmücken abschirmt, hält das Gröbste ab. Wegen der Zecken sollte man die Hosenbeine in die Socken stecken und auch das T-Shirt in den Hosenbund. Wenn man sich dazu vorher noch mit Kokosfett und ätherischen Ölen wie Lavendel und Pfefferminze eincremt und sich außerdem nicht in hohes Gras legt, kann man selbst in Gebieten mit hohem Parasitenaufkommen beruhigt die Natur genießen.

Der einsame Hengst macht sich keine Gedanken. Er schüttelt noch einmal kräftig seinen Kopf und zieht weiter. Fast nebeneinander laufen wir über die nächste Kuppe und den nächsten Hügel.

DAS LOS DER HENGSTE

Fado habe ich damals fast genauso kennengelernt. Schon öfter hatte ich einen Blick auf ihn geworfen und hatte mich schnell in ihn verliebt. Zu der Zeit lebte er bereits nicht mehr in Portugal, sondern auf einem kleinen Hof in Schleswig-Holstein. Das junge Ehepaar wollte iberische Pferde importieren, ausbilden und weiterverkaufen. Entsprechend teuer sollte Fado als ungerittener 5-Jähriger Hengst sein. Es dauerte aber nicht lange und das Paar trennte sich, und quasi über Nacht musste der Hof aufgelöst und alle Pferde verkauft werden. Jetzt war der Verkaufspreis in meinen Augen angemessen und ich sagte sofort zu. Als wir in Dithmarschen ankamen, lief Fado noch auf der letzten großen Koppel. Fast alle anderen Pferde waren schon weg, und so stand er ähnlich wie der einsame Hengst vor mir. Nur war er bei Weitem nicht so gelassen wie der Exmoor-Hengst. Verunsichert hob Fado seinen Kopf und kam zu uns gelaufen. Die Aufbruchsstimmung hatte sich sicherlich auf ihn übertragen und er wusste nicht, was da vor sich ging. Der Hengst im Exmoor scheint dagegen genau Bescheid zu wissen. Ruhig und gleich-

»Freiheit bedeutet für Pferde nicht nur, viel Platz zu haben, sondern auch, ihrer Natur folgen zu können.«

Ist das Moor feuchter, steigt die Anzahl der Moskitos rapide an. Die Exmoor-Ponys wandern trotzdem in diese Bereiche.

zeitig zielstrebig geht er voran. Er dreht sich nicht um und bleibt auch nicht mehr stehen, um nach anderen Pferden Ausschau zu halten. Ab und zu nimmt er mal ein Büschel Gras im Vorbeigehen, ansonsten wandert er einfach weiter durch das Moor.
Als wir über die nächste Kuppe laufen, sehe ich in der dahinterliegenden Senke eine stattliche Herde von zwölf Pferden grasen. Der Hengst schreitet ohne zu zögern weiter. Auch die anderen Pferde zeigen keinerlei Reaktion. Keine Frage, diese Pferde und der Hengst bilden eine Herde. Er ist also keinesfalls einsam, sondern hat sich nur für eine gewisse Zeit von seiner Herde entfernt.

Hengste suchen Kontakt

Dass sich wild lebende Hengste von ihrer Herde entfernen, ist völlig normal. Allerdings wirkt es für uns Menschen ganz anders, als es tatsächlich der Fall ist. Die Hengste wollen gar nicht alleine sein, sondern suchen Kontakt zu anderen Herden. Die Hengste sind es nämlich, die durch regelmäßige Kommunikation untereinander die Verbindung zwischen den Herden erhalten. Die Stuten dagegen richten ihre Aufmerksamkeit verstärkt in ihre eigene Herde.

Nach seinem Ausflug ist der Hengst (links im Bild) zurück in seiner Herde. Die Rückkehr verläuft unspektakulär.

Die Tiere haben ein großes Bedürfnis nach sozialer Nähe und brauchen gleichzeitig individuellen Freiraum.

VIEL PLATZ IM EXMOOR

Ich bleibe stehen und lasse die Herde mit ihrem Hengst langsam weiterziehen. „Eine interessante Erfahrung", denke ich, als sich der Hengst plötzlich umdreht und direkt auf mich zusteuert. Oh, jetzt wird es wohl noch interessanter. Ich schaue mich um. Außer mir ist hier weit und breit nichts zu sehen. Ja, seine Aufmerksamkeit gilt ausschließlich mir. Seine Herde ist mittlerweile gut einen halben Kilometer weitergezogen, während der Braune etwa dreißig Meter vor mir stehen bleibt. Anschließend läuft er einen Halbkreisbogen um mich herum, hält etwa fünf Meter hinter mir erneut an und gibt mir so den Weg in seine Herde frei. Tatsächlich, er hat mich eingeladen und ich laufe geradewegs auf seine Herde zu. Er bleibt in der gleichen ruhigen und entspannten Art und Weise, in der er schon den ganzen Morgen unterwegs ist, hinter mir. Ein paar Minuten später stehen wir zusammen inmitten seiner Stuten und dem Nachwuchs. Es ist ein unbeschreibliches Gefühl, durch dieses Ritual in die Herde aufgenommen zu werden. Allerdings werde ich in diesem Moment sehr traurig. Mir wird bewusst, dass Hengste sogar noch mehr Platz und Sozialkontakte brauchen als Stuten. Ein totaler Widerspruch zu der üblichen Hengsthaltung in Boxen. Ich bin froh, dass wir Fado gelegt haben und er als Wallach mit unseren Stuten leben kann.

DAS LETZTE WASSERLOCH

Spätsommer auf dem Balkan. Es ist noch früh am Morgen. Die Nacht war kühl, aber der Tag wird wieder heiß werden. Genauso wie alle Tage in den vergangenen Wochen. Die meisten Wasserlöcher in den Dinarischen Alpen sind bereits versiegt. Aber die Pferde kennen noch eine entfernte Wasserstelle. Ein weiter Weg liegt vor ihnen.

Egal, in welche Richtung ich schaue, überall zeigt sich das gleiche Bild. Die Pferde erwachen langsam aus ihrer Nachtruhe und während einige noch dösen, knabbern andere bereits an trockenen Gräsern. Es dauert fast eine Stunde, bis alle Pferde wieder aktiv sind. Die Pferde haben sich über eine große Fläche verteilt. Unmöglich, sie zu zählen. Aber es sind viele, sehr viele, und sie sind bunt.

Rappen, Braune, Falben und auch Schimmel stehen wie durcheinandergewürfelt nebeneinander. Und nicht nur farblich sind die Pferde äußerst facettenreich, auch ihre Gebäude sind sehr unterschiedlich. Als Gebäude bezeichnen Pferdeleute das Exterieur, also den Körperbau eines Pferdes. Dass die Pferde so unterschiedlich sind, liegt daran, dass die Tiere, zwischen denen ich hier stehe, verwilderte Hauspferde sind. Vor vielen Jahren wurden sie hier oben in den Bergen freigelassen und sind seitdem sich selbst überlassen. Biologen würden daher unter keinen Umständen von Wildpferden sprechen.

Die Herden in Bosnien haben viel Platz, um sich auszubreiten. Sie bleiben aber meist in einem Areal von circa 140 km^2.

WAS IST EIN WILDPFERD?

Aber was ist das? Direkt vor mir bleibt eine hellbraune Stute stehen. „Na, du siehst ja interessant aus", flüstere ich leise. Tatsächlich erinnert sie mich sofort an ein Przewalski-Pferd. Przewalski-Pferde hatte ich nur zwei Wochen zuvor für eine TV-Dokumentation gefilmt.

Die Stute ist nicht nur farblich ein Ebenbild der in der Mongolei beheimateten Wildpferde, sondern auch vom Körperbau. Sie wirkt etwas grob mit ihrem mächtigen Kopf und ihren kräftigen Beinen. Einzig ihr Langhaar, also Mähne und Schweif, unterscheidet sich deutlich von den Pferden in der asiatischen Steppe. Ihr Verhalten ähnelt aber den verwandten Urpferden. Wie ich bei späteren Dreharbeiten im Winter feststellen werde, ist sie tatsächlich ziemlich eigenwillig. Eine Eigenart, die auch häufig bei den Przewalski-Pferden anzutreffen ist.

ERKENNTNISSE VERÄNDERN SICH

Die Przewalski-Pferde wurden lange Zeit von Biologen als die einzigen echten Wildpferde bezeichnet. Erst als ein internationales Forscherteam umfassende DNA-Untersuchungen durchführte und feststellte, dass auch die Przewalski-Pferde von den bereits domestizierten Botai-Pferden abstammen, wurde diese Behauptung revidiert.

Aus genetischer Sicht ist es sehr unwahrscheinlich, dass es überhaupt noch irgendwo „echte" Wildpferde gibt. Zu erklären ist dies eigentlich ganz einfach, aufwändige Untersuchungen wären dafür gar nicht nötig.

Pferde, egal wie wir sie nennen, unterscheiden nicht zwischen Hauspferd, Wildpferd, Urpferd oder verwildertem Pferd. Nein, sie schließen sich ungeachtet von Farbe und Herkunft einfach zu Herden zusammen. Hier in Bosnien kann man das sehr eindrucks-

Zum Fressen sind die Pferde weit verteilt.

Auf der Wanderung rücken die Pferde dicht zusammen.

Diese Stute zeigt Parallelen zu den Przewalski-Pferden.

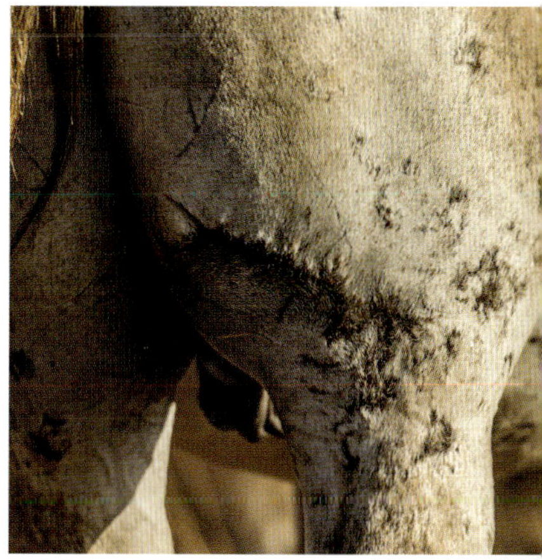

Eine typische Wolfsnarbe.

voll sehen. Alle Herden sind bunt gemischt. In jeder Gruppe gibt es Braune, Schimmel, kleinere oder größere Pferde. Es ist schon etwas peinlich, dass uns wild lebende Tiere vormachen müssen, wie Integration aussieht. Ja, und ich finde es sehr schön, auch wenn es ein ungewohnter Anblick für mich ist, inmitten einer so bunten Herde aus bosnischen Gebirgspferden, Arabern und verwilderten Bauernpferden zu stehen.

DIE WANDERUNG BEGINNT

Nach und nach schließen sich die Pferde zu Gruppen zusammen. Erst jetzt wird das ganze Ausmaß der Pferdepopulation sichtbar. Herden zu zählen ist schon wesentlich einfacher als einzelne Tiere. Es sind über 20 Herden, die sich hier zusammengeschlossen haben.

Ich achte darauf, immer in der gleichen Herde zu bleiben, und wandere mit ihnen bergab. Erst geht es nur langsam voran, bevor die Pferde etwas an Tempo zulegen. Sie bleiben aber weiterhin im Schritt. Nach einer Weile schließen sich uns noch weitere Herden an, sodass jetzt insgesamt 26 Gruppen gemeinsam wandern.

Mittlerweile ist es fast zehn Uhr und die Sonne steht schon höher am Himmel. Einige Pferde werden langsamer und beginnen zu grasen. „Eine kleine Pause für ein Picknick“, ist mein erster Gedanke, und tatsächlich: Das Bild der verteilten Herden erinnert mich an einen Stadtpark voller Menschen, in dem Freunde und Familien mit Kindern einen idyllischen Sommertag verbringen. Aber der Anblick täuscht. Ich spüre, dass die Tiere nicht entspannt sind, sondern sich eine leichte Nervosität breitmacht. Nicht panisch, aber doch leicht beunruhigt beenden die Pferde ihre kurze Rast und formieren sich zu einer Art Pferdearmee, bevor sie sich wieder in Bewegung setzen. Obwohl ich zu diesem Zeitpunkt noch nicht weiß, wo genau das Wasserloch liegt, spüre ich, dass es nicht mehr weit sein kann.

Angekommen am letzten Wasserloch.

Bunt gemischt: Bosniaken, Araber und Bauernpferde.

Die Pferde sind angespannt und jederzeit fluchtbereit.

DAS ZUSAMMENSPIEL DER HERDEN

Als wir über die nächste Kuppe kommen, kann ich dann tatsächlich das Wasserloch sehen. Besonders einladend sieht es allerdings nicht aus. Es ist keine grün blühende Oase in der sonst so vertrockneten Landschaft, nein, ich würde es eher als eine große Pfütze mit brauner Brühe bezeichnen. Trotzdem zieht das Wasserloch die Pferde magisch an. Verständlich, es ist die letzte Wasserstelle weit und breit. Das Gras ist knochentrocken, somit nehmen die Pferde über die Pflanzen kaum noch Feuchtigkeit auf. Die Situation gleicht den Bildern, die wir aus Afrika kennen, wenn sich die Steppentiere auf den Weg zum letzten Wasserloch machen. Nur sind wir hier nicht in Afrika, sondern im östlichen Europa. Für die Pferde ist der Besuch des Wasserlochs ähnlich gefährlich wie für Gnus, Zebras oder Antilopen in der Savanne. Hier in Bosnien sind Wölfe die natürlichen Feinde der frei lebenden Pferde. Ein Kadaver am Rande des Wasserlochs ist stummer Zeuge des letzten Angriffs. Aber die vielen Narben der Pferde an Hals und Hinterhand beweisen, dass nicht jeder Angriff erfolgreich ist. Die Pferde haben gelernt, sich zu verteidigen. Genau deshalb leben

Selbst bei vermeintlicher Gefahr fliehen die Pferde.

Die Hengste sichern auf dem Hin- und Rückweg die Herden ab.

sie hier in einem großen Herdenverband. Sie schützen sich gegenseitig.
Kurz vor Erreichen der Wasserstelle lösen sich zwei Hengstgruppen aus dem Herdenverband. Sie begeben sich an die Außenseiten und bleiben stehen.
Wie Wachposten patrouillieren sie auf dem letzten Kilometer der Wanderung die Flanken, sodass die anderen Pferde, geschützt in der Mitte, Herde für Herde zum Wasserloch gehen können.
Dabei verlassen die Herdenhengste keinesfalls ihre Gruppen, sondern bleiben dicht bei ihren Stuten und dem Nachwuchs. Durch den Zusammenschluss der Herden zu einem mächtigen Verband sind alle Pferde wesentlich wirksamer geschützt, als wenn nur ein Hengst seine Stuten alleine verteidigen müsste. So können im Ernstfall mehrere Hengste zusammen gegen ein Wolfsrudel antreten.
Aber es gibt Tage, da sind die Pferde trotzdem nervös und halten sich nicht lange am Wasserloch auf. So auch heute. Nachdem sie ihren Durst gestillt haben, machen sie sich sofort wieder auf den Weg. Ähnlich, wie sie gekommen sind, verlassen sie das Wasserloch als große Sozialgemeinschaft. Nur dass sie einen anderen Weg einschlagen und sich auf dem Rückweg einige der Pferde kurz im Sand wälzen.

DAS SYSTEM HERDE

— Eine große Sozialgemeinschaft

Pferde würden ihren Beziehungsstatus als „Es ist kompliziert" angeben. Es gibt nicht die standardisierte Herde. Größe und Struktur können stark variieren. Trotzdem können wir Herden grob in fünf Kategorien einteilen. Einzelne Herden schließen sich dann wieder zu größeren Herdenverbänden zusammen.

Die kleinste Herde besteht aus zwei bis vier Pferden. Diese Gruppen sind über sehr viele Jahre stabil und nur selten kommen neue Tiere dazu. Auch ist es hier keine Seltenheit, dass die Fohlen bereits nach einem Jahr ihre Herde verlassen müssen.

Häufiger als diese Miniherden treffen wir Gruppen mit acht bis zwölf Pferden an. In diesen Gruppen lebt meist nur ein erwachsener Hengst. Auch diese Herden wachsen nicht weiter an. Hier kann es aber schon einmal bis zu zwei Jahre dauern, bis der Nachwuchs die Herde verlässt.

In größeren Herden finden häufiger Veränderungen in der Zusammensetzung der Herden statt. Allerdings betrifft das nicht die Gruppe, sondern eher die jüngeren Herdenmitglieder. Ab einer Herdengröße von zwanzig Tieren ist es normal, dass mehrere erwachsene Hengste dauerhaft in einer Gruppe leben.

Seltener finden wir in der Natur große Herden von mehr als sechzig Pferden. Es gibt nur wenige Hengste, die dermaßen charismatisch sind, dass sie so große Gruppen über Jahre anführen können.

Junge Hengste schließen sich meist vorübergehend zu kleinen Gemeinschaften zusammen. Dabei bleiben sie nicht nur um früher oder später eine Stute zu erobern, in der Nähe der anderen Herden, sondern helfen vor allem nachts dabei, die Herden zu schützen.

Mehrere Herden schließen sich zu einem Herdenverband zusammen. Die Anzahl der Herden und der Zusammenhalt kann dabei stark variieren. Abhängig ist das nicht nur von der Anzahl der Tiere, die insgesamt in einem Gebiet leben, sondern auch von der Beschaffenheit des Lebensraums und der Urpferderasse. Die Anwesenheit von Fressfeinden spielt dabei kaum eine Rolle.

Die kleinste Herde besteht aus zwei erwachsenen Tieren.

Junghengstgruppen gehören zur Gemeinschaft.

Der Herdenverband: Keine Herde lebt alleine.

In einer Herde können über 60 Pferde leben.

MOMENTS OF LIFE

— *Das Leben in der Herde*

Pferde spüren den Wetterumschwung und verlassen das freie Gelände, um Schutz vor dem Wind zu suchen.

IN LOVE

Das Wetter kann sich nicht so richtig entscheiden. Es ist zwar kühl, aber trotzdem nicht richtig Winter – und das, obwohl wir Januar haben. Verantwortlich für das milde und feuchte Klima ist der Golfstrom, der sich hier direkt an der Atlantikküste viel stärker bemerkbar macht als in Deutschland. In Hamburg würde man sagen: Schmuddelwetter.

Ich mag dieses Wetter. Es erinnert mich an den norddeutschen Herbst. Nur selten fallen die Temperaturen in den Minusbereich, es weht ständig eine frische Brise und gelegentlich braust ein Sturm über die Insel. Nach vier Wochen bin ich nun auch voll und ganz angekommen im Exmoor. Für den Winter habe ich mir mal wieder ein gemütliches Cottage im Nationalpark gemietet und verbringe die Tage draußen bei den Ponys im Moor. Abends gehe ich ab und zu in den Pub, ein Ale am wärmenden Kaminfeuer schlürfen – ja, so lässt sich der Winter aushalten. Aber ich merke, dass durch das komfortable Landleben kein so richtig enger Kontakt mit der Herde entsteht. Dazu kommt, dass mein alter Freund, der mich vor vielen Jahren so charmant in seine Herde eingeladen hat, mittlerweile gestorben ist und ein neuer, junger Hengst die Herde übernommen hat. Wahrscheinlich brauchte ich erst mal ein paar Wochen Zeit, um mich an die neue Situation zu gewöhnen.

Die Herde hat ihre Heimat direkt an der steilen, circa 25 km langen Atlantikküste des Exmoor-Nationalparks.

ES WIRD UNGEMÜTLICH

Das Wetter soll schlechter werden. Für die nächsten Tage ist Orkan angesagt. „Interessant", denke ich und beschließe, auch die Nächte im Moor zu bleiben. Da die Exmoor-Ponys in den letzten Tagen ziemlich ruhig gewesen sind und ich ihr konstantes Fress- und Ruheverhalten bereits ausgiebig beobachtet habe, freue ich mich über die Abwechslung und bin gespannt, wie sie mit dem Wetterumschwung umgehen. In wetterfeste Kleidung gehüllt und meinen Geländewagen mit ein paar Vorräten und Ersatzklamotten an einer zentralen Stelle geparkt, mache ich mich auf den Weg. Schon als ich den ersten Hügel hinaufsteige, merke ich, dass es keine gute Idee war, gegen den Wind zu laufen.

Wind und Regen

Pferde sind hervorragend an das Leben mit unterschiedlichem Wetter angepasst. Warmes oder kaltes Wetter macht Pferden wenig aus. Sie kommen aufgrund einer ausgeklügelten Wärmeregulation mit Temperaturen zwischen –15 bis +25 °C ohne Probleme zurecht. Vorausgesetzt, sie können die Techniken ihrer natürlichen Klimaanlage, wie spezielle Futterwahl oder Reduzierung der Aktivitäten, einsetzen. Knifflig wird es bei Feuchtigkeit. Hier entscheiden der Aufbau des Fells und der Behang darüber, ob Pferde im Regen stehen wollen oder lieber Schutz suchen. Wind ist dagegen kein Freund der Pferde. Ist es windig, gehen alle Pferde in Deckung. Als Schutz dienen Wildpferden dabei Büsche, Bäume oder auch Artgenossen.

Dichtes Langhaar schützt empfindliche Stellen vor Wind.

Ein zweischichtiges Fell lässt Regen perfekt ablaufen.

Die kalte feuchte Luft brennt in meiner Lunge. Zunächst versuche ich mich mit einem Schal zu schützen und atme nur noch durch die Nase. Aber auch das funktioniert nur bedingt. Erst als ich die Richtung ändere und noch langsamer gehe, wird es wieder erträglich. Ich bekomme ein Gefühl dafür, wie sinnvoll es ist, mein Verhalten der Witterung anzupassen. Auf einmal wird mir klar, warum die Exmoor-Ponys in den letzten Wochen fast in eine Art Winterschlaf gefallen sind.

ORKAN UND STARKREGEN

Als ich bei den Ponys ankomme, hat der Sturm Orkanstärke erreicht. Dazu hat es noch angefangen, kräftig zu regnen. Trotzdem beenden die Tiere nur langsam ihre Fressphase und „parken“ nach und nach hinter einem dichten Gebüsch ein. Vorsichtig nähere ich mich. Sie kennen mich schon seit ein paar Wochen und so akzeptiert der neue Hengst auch problemlos meine Nähe. Ich stelle mich einfach neben sie und merke schnell, wie clever sie ihren Ruheplatz ausgewählt haben. Obwohl die Windgeschwindigkeit über 100 km/h liegt – an dieser Stelle ist es annähernd windstill.

Wie gut, wenn man sich in seinem Zuhause auskennt. Hier lässt es sich tatsächlich aushalten. Einzig die heftigen Windgeräusche und der laut prasselnde Regen sind etwas nervig. Nach ein paar Stunden wird mir langweilig. Der Regen prasselt immer noch unaufhörlich auf uns nieder und der Sturm hat weiter an Stärke zugenommen.

Das sind dann die Momente, wo ich wirklich an meiner Intelligenz zweifle und mich frage: „Was in Gottes Namen machst du hier?“ Aber ich halte durch und verbringe weitere drei Tage im Sturm zwischen den Exmoor-Ponys. Vielleicht war ich auch einfach nur zu faul, zurück zum Auto zu laufen.

Tatsächlich gewöhnt man sich an das Wetter und daran, dass nichts Aufregendes passiert. Im Prinzip ist es wohl vergleichbar mit einem langweiligen Job, bei dem die Menschen die Tage bis zum Wochenende zählen. Auch ich wäre jetzt froh, wenn ich wüsste, wann der Sturm endlich vorbei ist. Aber mein Handy-Akku ist längst leer und für die Wettervorhersage bleibt mir nur der Blick zum Himmel.

Na ja, zumindest hört es endlich auf zu regnen und ich habe das Gefühl, dass es ein paar Grad wärmer geworden ist. In der nächsten Nacht lässt auch der Wind etwas nach, bläst aber noch so kräftig, dass das Fell der Exmoor-Ponys bald wieder ganz trocken ist.

DIE STIMMUNG ÄNDERT SICH

Der nächste Morgen ist dunstig und grau. Jeder, der jetzt ins Exmoor käme, würde wohl sagen: „Wie trist und öde, ich gehe wieder!“ Die Stimmung in der Herde ist dagegen fast euphorisch. Die in den letzten Tagen so inaktiven Tiere zeigen plötzlich wieder echte Lebensfreude. Der neue junge Hengst geht von Stute zu Stute. Alle Tiere beschnüffeln sich und es herrscht ein wildes Durcheinander. Ich bin nach den Tagen der Ruhe mit dem plötzlichen Stimmungswandel vollkommen überfordert. Viel zu spät hole ich meine Kamera aus dem Rucksack und mache ein paar Bilder. Zeit und Lust, durch den Sucher zu schauen, die Belichtung einzustellen oder gar vernünftige Bildkompositionen zu machen, habe ich nicht. Ich drücke einfach nur meiner Intuition folgend den Auslöser und tobe gemeinsam mit der Herde herum. Nicht nur die Exmoor-Ponys sind in love – nein, auch ich bin wieder ein Stück verliebter in diese wunderbaren Tiere und ziehe nach diesem freudigen Wintermorgen weiter mit ihnen durchs Moor.

Nach mehreren Tagen „Schietwetter“ und kaum Interaktion, ist bei den Exmoor-Ponys jetzt eine Runde Kuscheln angesagt.

DAS GEHEIMNIS DER STUTEN

Die Stuten sind das Fundament einer Herde. Vor allem erfahrene Stuten geben durch Beständigkeit und Gelassenheit den anderen Tieren in der Gruppe Halt und Orientierung. Jedoch unterscheiden sich sogar Altstuten, die seit vielen Jahren führende Aufgaben in der Herde übernehmen, im Verhalten deutlich voneinander.

Es ist März. Die Tage werden langsam länger und allmählich erwacht die Natur aus dem Winterschlaf. Erste Vorboten des Frühlings zeigen sich im beginnenden Fellwechsel der Pferde. Immer öfter sehe ich Tiere beim Grooming. Als Grooming wird die gegenseitige Fellpflege bei Pferden bezeichnet. Sie dient nicht nur dem Entfernen von losen Haaren, sondern stärkt auch die freundschaftliche Bindung zwischen den Tieren. Beim Grooming wird deutlich, dass einige Pferde sehr enge Beziehungen mit anderen Tieren pflegen. Andere suchen dagegen nur wenig Körperkontakt und gehen öfter zu Schubberbäumen, um sich zu kratzen. Je näher allerdings die Zeit einer Geburt kommt, desto stärker kann sich das Verhalten einer Stute verändern.

ANZEICHEN EINER GEBURT

Die typischerweise beschriebenen Anzeichen einer Geburt konnte ich bisher bei wild lebenden Pferden noch nicht beobachten. Unruhe oder auffälliges Gegen-den-Bauch-Schlagen zeigen die Stuten nicht. Selbst Harztropfen am Euter sind kaum auszumachen, was wohl auch daran liegt, dass die Fohlen vom Vorjahr noch bis zur Geburt ihres Geschwisters saufen. Über viele Jahre habe ich nun schon versucht herauszufinden, ob es doch irgendwelche Anzeichen einer bevorstehenden Geburt gibt. Meine Vermutungen gingen dabei vom Anheben des Schweifes über Verjagen des Jährlings bis hin zum Fressen von besonderen Pflanzen. Alle diese Anzeichen konnte ich zwar schon vereinzelt beobachten, allerdings nicht in den direkten Zusammenhang mit einer Geburt bringen. Nur das leichte Absenken des Beckens scheint ein minimales körperliches Indiz zu sein. Wesentlich offensichtlicher können dagegen die Verhaltensänderungen einer Stute vor der Geburt sein.

DIE BRAUNE STUTE

Die braune Stute ist eine sehr starke Stute. Ich kenne sie schon viele Jahre. Sie ist die Lieblingsstute des mächtigen silbergrauen Hengstes. Während der Hengst sehr aktiv ist, gehört sie zu den ruhigen Vertretern. So dauerte es lange, bis sie meine Nähe tolerierte. Sie ist bereits im Herbst kugelrund und jedes Jahr denke ich: „Oh mein Gott, das kann doch gar nicht sein. Das Fohlen muss jeden Moment zur Welt kommen!“
Aber nein, auf die braune Stute kann ich mich verlassen. Sie bekommt jedes Jahr in der ersten Aprilhälfte ihr Fohlen. Bis dahin schiebt sie ihren Monsterbauch – entschuldige bitte den Ausdruck, meine Liebe – durch die Sumpflandschaft.
Noch bis in den März hinein ist sie – wie soll ich sagen? – recht umgänglich. Doch je näher die Geburt ihres Fohlens rückt, desto mehr Ruhe will sie haben. Dabei entfernt sie sich nicht aus der Herde, nein, sie besteht nur auf noch mehr Abstand.

Die braune Stute ist kugelrund. Typisch für ältere Tiere, die schon viele Fohlen bekommen haben. Sie kommt damit gut zurecht.

Der braunen Stute ist der von ihr definierte Individualabstand wichtig.

Nur ihre engsten Freundinnen und der Althengst ruhen in ihrer unmittelbaren Nähe. Sowieso ist es der Hengst, zu dem sie den engsten Kontakt in der Herde hat. Oft stehen die beiden stundenlang nebeneinander. Körperkontakt haben sie dabei nur selten. Ihr besonderes Verhältnis wirkt wie ein Wechselspiel aus Nähe und Distanz. Ich möchte behaupten, die beiden verstehen sich, wie wir Menschen sagen würden, ohne Worte.

MERKMALE EINER LEITSTUTE

Ich verwende sehr selten die Begriffe Leithengst und Leitstute. Die braune Stute kann ich allerdings ohne Zweifel als Leitstute bezeichnen. Der Grund dafür liegt darin, dass sie nicht nur innerhalb ihrer Herde an der Führung beteiligt ist, sondern auch, dass sie die Zugrichtung des gesamten Herdenverbands beeinflussen kann. Sie macht das nicht, indem sie die anderen Pferde in eine bestimmte Richtung treibt, nein, die anderen Tiere achten darauf, in welche Richtung sie geht, und folgen ihr.

Nur kurz vor der Geburt ihres Fohlens, da folgt ihr keines der anderen Pferde. So auch heute Abend. Allmählich bewegt sie sich an den Rand der Gruppe. Sie will alleine sein. Zwar bleibt sie noch in der Nähe der Herde, aber nicht zwischen den anderen Tieren. Alle Stuten und auch der silbergraue Hengst respektieren ihren Wunsch und gehen ihr nicht nach.

Es fällt mir schwer, mich fernzuhalten, wo es doch so offensichtlich ist, dass sie in der nächsten Nacht ihr Fohlen bekommen wird. Aber wenn ich zur Herde gehören will, muss ich mich in jeder Situation so verhalten, wie die Pferde es tun. Das gilt nicht nur für Ruhephasen, sondern auch für besondere Momente wie eine Geburt. Also keine Ausnahme. Ich lasse sie ziehen.

Am nächsten Tag kommt sie zusammen mit ihrem Fohlen zurück in die Mitte der Herde. Penibel achtet sie darauf, dass kein anderes Pferd ihrem Fohlen zu nahe kommt. Zwar ist ihr Anspruch auf Individualabstand so groß wie vorher, aber sobald sich ein anderes Pferd nur in Richtung ihres Fohlens wendet, schirmt sie ihren Nachwuchs ab und verjagt die anderen Pferde. Dieses Verhalten ist für Stuten mit Fohlen völlig normal und auch die anderen Stuten reagieren sehr empfindlich, wenn sich andere Pferde unerwünscht nähern. Ein Verhalten ist bei der braunen Stute allerdings besonders und ich habe es in dieser Form auch bei kaum einer anderen Stute beobachtet.

»Respekt zeigt sich in Momenten, in denen wir Zurückhaltung zeigen, obwohl es uns schwerfällt.«

Geburt

Stuten tragen durchschnittlich 336 Tage ihr Fohlen aus. Die meisten Fohlen kommen im April oder Mai zur Welt. Die Geburt dauert bei wilden Pferden nur einige Minuten. Fast alle Stuten stehen sofort nach der Geburt wieder auf und es beginnt die Prägephase. Dabei beriecht und beleckt die Stute das Fohlen intensiv, damit sich beide gegenseitig ihren Geruch einprägen. Durch den Körperkontakt werden Pheromone übertragen, die die Mutter-Kind-Bindung festigen.
Die Pheromone lösen außerdem genetisch verankerte Programme wie mütterliches Verhalten oder den Saugrefex aus und weisen dem Fohlen den Weg zum Euter. Die erste Muttermilch wird Colostrum oder Biestmilch genannt. Sie stärkt nicht nur das Immunsystem des jungen Pferdchens, sondern wirkt auch regulierend auf den Zellstoffwechsel und sein Hormonsystem.

STUTE, HENGST UND FOHLEN

Althengste halten sich generell von neugeborenen Fohlen fern. Nur in ganz kleinen Herden steht manchmal der Vater bei der Geburt neben der Stute und bleibt auch anschließend in ihrer unmittelbaren Nähe. Der einzige Kontakt, den Hengste normalerweise in den ersten Tagen zu ihren Fohlen aufnehmen, ist, sobald die Herde weiterziehen soll und ein Fohlen noch am Boden liegt und nicht aufstehen mag. In diesem Fall versucht zunächst die Stute das Fohlen zum Hochkommen zu bewegen.
Das tut sie, indem sie unruhig um ihr Fohlen herumläuft. Reagiert es nicht, zwickt sie es anschließend in den Hals. Bleibt auch das ohne Wirkung, schlägt die Stute mit dem Huf nach ihrem Fohlen, was manchmal durchaus rabiat sein kann. Und zwar so rabiat, dass das Fohlen nach dem Aufstehen schon mal etwas humpelt. Das klingt jetzt sehr grob, aber es zeigt auch, wie wichtig es ist, dass ein Fohlen aufsteht, wenn die Herde weiterzieht.

Die Stute versteht keinen Spaß, wenn andere Pferde ihrem Fohlen zu nah kommen.

DAS FOHLEN MUSS AUFSTEHEN

Das Fohlen der braunen Stute ist sehr müde. Obwohl die Herde in Bewegung ist, legt es sich immer wieder hin und schläft. Die braune Stute hat schon ein paar Versuche unternommen, es zum Aufstehen zu bewegen, aber ihr Fohlen bleibt liegen.

Durch ihren Status kann die Stute dem Althengst widersprechen.

Ich bin mir ziemlich sicher, dass es gesund ist. Die Geburt ist bereits ein paar Tage her und es ist wärmer geworden. Die Fohlen scheinen daher nur die Sonne genießen zu wollen, denn auch die beiden anderen Fohlen aus der Herde liegen jetzt öfter und länger. Die anderen springen allerdings sofort auf, wenn die Mütter es wollen oder wenn der Althengst auch nur in die Nähe kommt.
Das Fohlen der braunen Stute bleibt aber einfach liegen. Das passt dem Vater überhaupt nicht und er nähert sich mit gesenktem Kopf, um das Fohlen hochzuscheuchen. Bisher habe ich noch kein Fohlen gesehen, dass sich dieser Anweisung des Althengstes widersetzt hätte.
Der Althengst kommt immer näher und meint es sichtlich ernst, als sich die braune Stute energisch vor ihr Fohlen stellt und damit den Althengst abblockt. Dieser akzeptiert das eindeutige Signal der Stute und hält drei Meter Abstand. Gut scheint er das Verhalten seiner Lieblingsstute nicht zu finden. Seine Herde ist bereits wieder auf der Wanderung in ein neues Weidegebiet und es befinden sich drei weitere Herden in unmittelbarer Nähe. Trotzdem wartet er so lange, bis das Fohlen von selbst aufsteht. Dieses Szenario wiederholt sich in den nächsten Tagen immer wieder. Allerdings kann sich nur die braune Stute herausnehmen, ihr Fohlen derart vor dem Althengst abzuschirmen.

DIE SCHWARZE STUTE

Ganz anders verhält sich die schwarze Stute mit dem weißen Fleck auf der Stirn. Sie ist ebenfalls eine starke und erfahrene Stute, lebt allerdings in einer anderen Herde als die braune Stute. Der Althengst ihrer Herde ist wesentlich jünger als der Silbergraue. Er macht ebenso einen äußerst souveränen Eindruck, aber er ist insgesamt nicht so aktiv. Die schwarze Stute ist dagegen äußerst kontaktfreudig.
Es ist mittlerweile Mitte April. Die letzten Nächte waren bei klarem Himmel kühl und vereinzelt gab es noch einmal etwas Bodenfrost. Tagsüber erwärmt die Sonne aber immer stärker den Boden.

Kurz vor der Geburt wirken die Stuten, als hätten sie einen starken Hängerücken mit nach oben zeigendem Becken.

Die schwarze Stute konnte ich in den vergangenen Tagen immer öfter bei Grooming beobachten. Ob das nun nur mit dem durch das wärmere Wetter stärker juckenden Fell zu tun hat oder möglicherweise ein Hinweis auf die bevorstehende Geburt ihres Fohlens ist, kann ich nur mutmaßen.

Ich mache ein paar Fotos von ihr und schicke sie meiner Frau. Kurz darauf bekomme ich eine Textnachricht von Eike: „Könnte es sein, dass sich ihr Becken etwas gesenkt hat?“, schreibt sie umgehend. „Meinst du wirklich?“, antworte ich. „Yes, sure“, erwidert sie kurz.

Die schwarze Stute hat ihr Fohlen in der Mitte ihrer Herde bekommen.

EINE MYSTISCHE VOLLMONDNACHT

Okay, das passt. Es ist Vollmond. Die schwarze Stute ist ziemlich entspannt und toleriert sowohl die Nähe der anderen Pferde als auch meine Anwesenheit. Bis weit nach Sonnenuntergang bleibt die schwarze Stute in ihrer Herde. Die Nacht ist angenehm mild, allerdings verschwindet der Vollmond nach und nach im aufsteigenden Dunst.

Es wird immer nebliger, bis es kurz nach Mitternacht so dunstig wird, dass die Sicht weniger als 30 Meter beträgt. Ein kleiner Schauer fährt mir über den Rücken, als ich mich daran erinnere, dass am letzten Abend einer der Hengste nur wenige Meter weiter Wildschweine aufgespürt hat, und ich merke, dass der gesamte Boden hier vollkommen aufgewühlt ist. In solchen Situationen bin ich sehr froh, wenn ich direkt zwischen den Pferden stehe.

Tatsächlich fühle ich mich hier sehr sicher, obwohl ich kaum noch meine Hand vor Augen sehen kann. Der schwarzen Stute geht es wohl ähnlich. Sie bekommt im Schutz der Dunkelheit und umgeben von den anderen Stuten ihr Fohlen. Mit Anbruch der

Dämmerung verzieht sich der Nebel. Der Vollmond zaubert für zwei Stunden ein zartes Licht auf die schwarze Stute und ihr neugeborenes Fohlen. Umringt vom Rest der Herde verweilen die beiden noch bis zum Sonnenaufgang an der gleichen Stelle, bevor die Herde zur ersten Wanderung aufbricht. Angeführt wird die Herde dabei von der Stute mit ihrem Fohlen. Die schwarze Stute verändert im Gegensatz zur braunen ihr Verhalten vor und nach der Geburt kaum. Das Geheimnis der Stuten ist also, dass jede Stute ihr Fohlen auf die Art und Weise bekommt, wie sie sich am wohlsten fühlt.

»An welchem Ort und wie eine Geburt abläuft, hängt vom persönlichen Charakter der einzelnen Stuten ab.«

Direkt nach der Geburt trinkt das Fohlen die Biestmilch.

Die Stute hält engen Körperkontakt, bevor sie ihre Herde veranlasst, weiterzuziehen.

ZEIT DER VERÄNDERUNG

Die ersten Sonnenstrahlen blitzen durch den Wald, als eine kleine Herde direkt auf mich zukommt. Die Pferde wirken sehr selbstsicher. Die erste Stute ändert ihren eingeschlagenen Weg nicht und geht mit ihrem Fohlen direkt an mir vorbei. Wenig später folgt ein alter abgeklärter Hengst, der Vater des Fohlens.

Wenige Meter hinter mir bleibt die Herde stehen und beginnt zu grasen. Zur Herde gehören neben dem Althengst und der Stute mit dem Fohlen noch vier weitere Altstuten sowie einige Jungtiere. Das süße Fohlen zieht meine Aufmerksamkeit auf sich, aber es sind gerade die Jährlinge, die ihre erste große Veränderung im Leben durchlaufen.
Bisher waren sie noch der gut behütete Mittelpunkt der Herde, doch mit der ersten Geburt des Jahres ändert sich das. Fortan sind es ihre neugeborenen Geschwister, die den engsten Kontakt zu ihrer Mutter haben. Die Fohlen vom Vorjahr müssen dagegen ihren neuen Platz in der Gruppe erst noch finden. Natürlich sind die frischgebackenen Jährlinge sehr interessiert an ihren neuen Geschwistern. Viele von ihnen dürfen auch bei der Geburt direkt danebenstehen. Meist senken sie ganz vorsichtig ihre Nasen, um zu erkunden, was da vor sich geht. Es ist der Beginn einer aufregenden Zeit. Eine Zeit, in der sich die Jährlinge immer mehr von ihren Müttern lösen und anfangen, ihre eigenen Erfahrungen zu machen. Trotzdem lernen sie dabei von Anfang an, wo ihre Grenzen liegen. Wir Menschen nennen das Erziehung. Und wie in einer modernen Familie erziehen Pferdeeltern ihren Nachwuchs gemeinsam.
Aber anders als bei uns Menschen bringen die Eltern ihre Sprösslinge nicht in den Kindergarten, sondern sind rund um die Uhr für ihren Nachwuchs da. Denn auch, wenn die Jährlinge nach und nach mehr Freiheiten bekommen, so lernen sie das natürliche Sozialverhalten direkt von ihren Eltern.

Der abgeklärte Althengst ist für seinen Nachwuchs ein wichtiges Vorbild.

1. Der Jährling nähert sich dem Fohlen, die Mutter signalisiert Missbilligung.

2. Die Stute nähert sich dem Jährling energisch.

»In Wildpferdeherden gibt es keine Fohlen, die im Alter von sechs Monaten ihre Mütter verlassen müssen.«

KOMMUNIKATION UND KÖRPERSPRACHE

Die Körpersprache ist die von Pferden am häufigsten genutzte Form der Kommunikation. Durch ihre Gestik, Mimik und Körperstellung machen sie ihre Absichten deutlich. Dabei nutzen sie teilweise sehr feine Signale, sogenannte Mikroausdrücke. Wird eine Situation allerdings brenzlig, verstärken sie ihre Körpersprache und ihre Absicht wird schon aus großer Entfernung sichtbar. So auch in dem Moment, als sich der Jährling neugierig dem neuen Fohlen nähert. Das Fohlen liegt mit etwas Abstand zwischen Hengst und Stute. Die Elterntiere sind am Grasen. Der Hengst schenkt dem Jährling wenig Beachtung, aber die Stute signalisiert bei der Annäherung des Jährlings sofort, dass sie damit nicht einverstanden ist. Die Neugier des Jährlings ist allerdings so stark, dass er sich weiter nähert, bis er direkt vor dem Fohlen stehen bleibt und den Kopf senkt. Der Jährling ist dabei ganz behutsam.
Trotzdem, die Stute will das nicht. Sie macht das sehr deutlich, indem sie sich zwischen Fohlen und Jährling schiebt. Als der kecke Jährling weiterhin frech stehen bleibt, bekommt er von der Stute einen Nackenstoß. Dabei führt die Stute blitzschnell ihren Kopf in Richtung seines Halsansatzes und berührt diesen kurz mit der Nase. Der Hengst unterstützt die Erziehungsmaßnahme der Stute, indem er die gleiche Geste ausführt. Sekunden später ist die Situation wieder vollkommen entspannt.

EINDEUTIGE SIGNALE

Der Nackenstoß gehört zu den heftigsten körperlichen Erziehungsmaßnahmen, die erwachsene Pferde bei ihrem Nachwuchs einsetzen. Der Jährling kannte dieses Signal bereits von seinem Vater, der es schon vor vielen Monaten bei ihm anwandte.

3. Splitten: Die Stute trennt Jährling und Fohlen.

4. Die Stute setzt als Verweis einen Nackenstoß ein.

5. Der Vater unterstützt die Erziehungsmaßnahme mit der gleichen Geste. Er greift aber sonst nicht weiter ein.

Als kleines Fohlen hat er sich voller Neugierde immer wieder von seiner Mutter entfernt. Eines Tages wollte er sich einer Gruppe von Junghengsten nähern. Viel zu jung, um Kontakt zu anderen Hengsten aufzunehmen, hätte er sich in große Gefahr begeben, denn ein Hengstfohlen hat zwischen heranwachsenden Hengsten nichts zu lachen. Damals bewahrte ihn die Geste seines Vaters vor einer gefährlichen Situation außerhalb seiner Herde. Heute musste er lernen, dass für ihn auch innerhalb der Gruppe klare Grenzen gelten.

Signale zwischen Mensch und Pferd

Reiter nutzen unbewusst den Nackenstoß, indem sie ihre Gerte, ein Seil oder die Zügel beim Reiten in Richtung des Halsansatzes führen. Sie freuen sich dann über die prompte Reaktion ihres Pferdes, wobei wohl die wenigsten bedenken, dass das Weichen ihres Pferdes die Antwort auf eines der strengsten körperlichen Signale ist, die Pferde in der Natur kennen.

KOMMUNIKATION — *Gespräche zwischen Pferden*

01

Die einzelnen Signale der Pferde können wir Menschen wie Vokabeln lernen. Dabei treten allerdings leicht Missverständnisse auf, denn je nach Zusammenhang kann die gleiche Geste eine vollkommen andere Bedeutung haben. Außerdem sind Zeitpunkt und Dauer der Signale für eine eindeutige Kommunikation sehr wichtig.

IM DIALOG

Pferde kommunizieren zum großen Teil über Körpersprache, weniger über akustische Signale. Trotzdem sind Pferde äußerst gesprächig. Ähnlich wie ein kultivierter Dialog zwischen Menschen drücken sie sich sehr fein und präzise aus. Außerdem sind Pferde sehr höflich. Sie lassen ihr Gegenüber ausreden und warten, wenn sie selbst etwas gesagt haben, auf eine Antwort. Das heißt, sie machen während der Kommunikation Pausen.

GEFÜHLSÄUSSERUNGEN

Pferde nutzen dabei ihre Körpersprache nicht nur, um direkte Mitteilungen zu senden, sondern auch, um ihre Gefühle und Emotionen auszudrücken. Die Signale der Pferde können also verschiedene Beweggründe haben. So gibt es Gesten, die dem lockeren Smalltalk dienen, genauso wie Zeichen, die Stress ausdrücken oder als Warnung zu verstehen sind. Andere Ausdrucksformen dienen dagegen der Entschärfung von angespannten Situationen und sorgen dadurch für Deeskalation.

CALMING SIGNALS

Fohlenkauen ist ein typisches Beschwichtigungsverhalten, es wird auch als Calming signal bezeichnet. Wie der Name vermuten lässt, wird es häufig von Fohlen und Jungtieren eingesetzt. Können Nachwuchstiere eine Situation noch nicht richtig einschätzen und sind sich unsicher, wie sie sich verhalten sollen, gehen sie direkt auf die erwachsenen Tiere zu. Dabei strecken sie ihren Kopf nach vorne und zeigen auffällige Kaubewegungen. Oft ist sogar das Aneinanderschlagen der Zähne zu hören. Diese Beschwichtigungsmaßnahme dient dazu, genauso wie der Großteil der gesamten Kommunikation der Pferde, die Harmonie in der Herde zu erhalten.

02

03

01 Dieser Hengst gibt durch eine Kombination aus Gestik und Dynamik ein weit sichtbares Kommando.

02 In der direkten Kommunikation ergänzen Pferde visuelle Signale durch Berührungen und Gerüche.

03 Fohlenkauen ist ein Calming signal und wird häufig von Jungtieren eingesetzt, wenn sie unsicher sind.

DER TAFFE JÄHRLING

Es ist ein unbeschreibliches Gefühl der Freude und Erleichterung, wenn ich nach einem Jahr eine Herde wiederfinde und es allen Pferden gut geht. Das Fohlen vom Vorjahr ist zu einem taffen Jährling herangewachsen. In der Tat ist das erste Lebensjahr das schwerste für Wildpferde. Aber, hurra, der Kleine mit der Schnippe auf der Nase hat es geschafft!

Neugierig lugt der Kleine hinter seinem Vater hervor. Es ist die Mischung aus Neugier, Mut und die Nähe zu seinen Eltern, die ihn durchs erste Jahr gebracht hat. Der erste Winter ist überstanden und noch sind keine neuen Fohlen geboren. Klar, dass meine Aufmerksamkeit jetzt voll auf dem Jährling liegt.
Das ist gut so, denn oft finden die noch etwas unförmig aussehenden Pferdchen viel zu wenig Beachtung. In der Welt der Hauspferde sieht man es leider sehr selten, dass der Nachwuchs länger als sechs Monate bei der Mutter bleibt, geschweige denn, dass auch Kontakt zum Vater möglich ist.
Bei unseren Hauspferden werden junge Pferde oft einfach zusammengewürfelt oder sauber nach Altersstufen getrennt. Ja, wir Menschen finden es schön, wenn Fohlen zusammen spielen.
Sicherlich wäre es schön gewesen, wenn das andere Fohlen aus der Herde den Winter überlebt hätte, aber für unseren Kleinen mit der Schnippe auf der Nase ist es wichtiger, dass seine Mutter und sein Vater für ihn da sind – auch wenn sich das vielleicht hart anhört. Junge Pferde lernen nun einmal nicht von gleichaltrigen Tieren, sondern von älteren Pferden. Neben dem Jährling und seinen Eltern gehören zu der kleinen Herde noch vier weitere erwachsene Stuten unterschiedlichen Alters.
Auch zu den anderen Stuten hat der Jährling regelmäßig Kontakt und lernt so, wie er sich anderen Pferden gegenüber zu verhalten hat. Zu seinen Eltern hat er allerdings eine wesentlich engere Beziehung.

VATER UND SOHN

Schon seit einem halben Jahr wird der Kontakt zwischen dem Nachwuchshengst und seinem Vater immer enger. Mittlerweile ist es bereits so, dass er mit seinem Vater ähnlich viel Zeit verbringt wie mit seiner Mutter. So steht er auch, als ich die beiden wiederfinde, in der Nähe des Althengstes. Seine Mutter steht weiter entfernt. Für ihn ist es gut, von einem erfahrenen Hengst zu lernen. Er lernt, indem er einfach nachmacht, was sein Vater vormacht.

DAS WIEDERSEHEN

Vor einer Stunde hatte ich eine Stute aus der Herde entdeckt. Sie graste etwas abseits der anderen. In einem großen Bogen bin ich um die Herde herumgegangen und nähere mich jetzt direkt von vorne. Die Pferde stehen auf einer kleinen Anhöhe und können mich von Weitem sehen.
Zuerst entdeckt mich der Althengst. Wachsam hebt er den Kopf und schaut in meine Richtung. Ich bleibe stehen und knabbere an einem Keks herum. Der Hengst ist entspannt. Ich bin noch weit entfernt.
Da die Pferde mich gut sehen können und gerade in einer Fressphase mit wenig Bewegung sind, nähere ich mich ihnen langsam. Ich achte dabei wie immer darauf, dass ich mich in der gleichen Geschwindigkeit bewege wie die Pferde. Als ich näher komme, macht

Soziales Lernen: Der Jährling hält sich dicht an seinen Vater und übernimmt sein Verhalten.

Schlägt der Jährling über die Stränge, dauert es trotzdem manchmal lange, bis seine Mutter ihn zur Ordnung ruft.

der Althengst ein paar Schritte auf mich zu und schaut mich an. Sein Sohn hat längst bemerkt, dass da etwas Interessantes passiert, und stellt sich direkt hinter seinen Vater.

Die beiden kommen drei Schritte auf mich zu, heben den Kopf und verharren für 20 Sekunden in dieser Position. Der Kleine bewegt sich dabei so, als ob er der Schatten seines Vaters wäre. Dann wendet der Althengst sich ab, und kurz darauf fangen die beiden an, sich gegenseitig zu beknabbern.

Als eine junge Stute dazukommt, löst sich der Jährling von seinem Vater und kommt näher auf mich zu. Da sein Vater entspannt mit seiner Stute interagiert, weiß der Kleine, dass alles okay ist und er sich den Menschen genauer ansehen kann. Genau das ist es, was für den Jährling so wichtig ist: der Schutz seines Vaters und die Möglichkeit, selber Unbekanntes zu entdecken.

»Junge Pferde brauchen Kontakt zu erwachsenen Tieren.«

MUTTER UND JÄHRLING

Seine Mutter ist schon älter und der letzte Winter ist nicht spurlos an ihr vorübergegangen. Ihr Fohlen hat viel von ihren Reserven beansprucht. Auch wenn der Jährling schon fast so groß ist wie seine Mutter und natürlich längst selbstständig frisst, sucht er immer noch mehrmals pro Tag den Weg zu ihrem Euter. Die alte Stute lässt das jedes Mal zu und wartet geduldig ab, bis er fertig getrunken hat.

DIE WELT ENTDECKEN

Gestärkt ist der Jährling nun voller Tatendrang. Er will spielen, und da keine anderen Jährlinge da sind, soll seine Mutter herhalten. Genervt zeigt sie ihrem Sohn deutlich, dass sie nicht als Spielkamerad zur Verfügung steht. Aber so schnell gibt er nicht auf und startet noch zwei weitere Überzeugungsversuche. Keine Chance, seine Mutter wird deutlicher und der Jährling lässt von ihr ab.

Er guckt sich kurz um und entdeckt seinen Vater in unmittelbarer Nähe. Der hat die Spiellaune seines Sohnes mitbekommen und ist auf dem Weg zu ihm.

Dabei hat der Althengst keineswegs die Absicht, seinen Sohn für das wiederholte Bedrängen seiner Mutter zu maßregeln. Nein, im Gegenteil, der Vater bietet seinem Sohn an, mit ihm zu spielen, und so verschwinden die beiden zusammen hinter der nächsten Kuppe.

ZURÜCK ZUR MUTTER

Sehr lange dauert das Spiel zwischen den beiden Herren nicht. Aber der Jährling hatte die Möglichkeit, seine körperliche Fitness zu trainieren, und hatte dabei noch die Chance, sich ein paar Techniken von seinem Vater abzuschauen.
Die beiden kommen sichtlich entspannt zurück in die Herde. Der Althengst geht grasen und der Jährling zurück zu seiner Mutter. Die steht mittlerweile unter ein paar Bäumen und will sich scheuern. Diesmal nähert sich ihr Sohn vollkommen anders. Er geht ruhig auf sie zu und bietet ihr an, sie an der Schulter zu kraulen. Kurz darauf sind die beiden in die gegenseitige Fellpflege vertieft. Irgendwann hat die Stute genug und geht. Ihr Sohn läuft ihr nicht hinterher, sondern geht zur nächsten Stute aus der Herde und macht nun dieser das Angebot der Fellpflege.

Angeboren versus erlernt

Erlerntes Verhalten resultiert aus dem Nachahmen der Eltern und/oder aus eigenen Erfahrungen. Eine weitere Form des erlernten Verhaltens ist die Prägung, wie sie in den ersten Stunden nach der Geburt zwischen Fohlen und Stute stattfindet. Ist ein Verhalten für das Überleben entscheidend, wird es genetisch verankert und an die nachfolgenden Generationen als angeborenes Verhalten weitergegeben. Instinktives Verhalten kann also durch Lernen ergänzt oder verändert werden.

Althengst und Jährling toben fast täglich miteinander.

Jährlinge trinken bis zur Geburt des nächsten Fohlens.

DER TAG DER ENTSCHEIDUNG

Es ist zwei Jahre her, dass der hübsche Garrano-Hengst das Licht der Welt erblickte. Seitdem wuchs er im Schutz seiner Herde auf. Seine Eltern zeigten ihm alles, was er zum Überleben in der Wildnis wissen muss. Aber ist er jetzt schon bereit, eine eigene Herde zu gründen?

Es ist ein herrlicher Frühlingstag. Vorletzte Nacht wurde das erste Fohlen in der Herde geboren. Die Pferde sind entspannt und scheinen Rücksicht auf ihren Nachwuchs zu nehmen. Das Kleine ist noch etwas ungelenk auf den Beinen und bestimmt froh darüber, dass die Herde an einer geschützten Stelle in der Sonne ruht. Nur der Althengst klettert auf den Felsen etwas oberhalb und hält Ausschau nach anderen Tieren.

Durch meinen morgendlichen Rundgang weiß ich, dass in weniger als einem Kilometer Entfernung ein dreijähriger Hengst steht. Auch er ruht gerade. Na ja, wenn sogar ich den anderen Hengst bemerkt habe, dann hat der Althengst ihn schon längst entdeckt. Wahrscheinlich ist der Dreijährige auch nur so entspannt, weil er sich in der Nähe der Herde befindet.

EIN LEISES BRUMMELN

Die Stille wird durch ein leises Brummeln unterbrochen. Doch nichts weiter passiert. Eine halbe Stunde später brummelt ein anderes Pferd. Es ist kaum zu hören und doch kommt jetzt etwas Bewegung in die Herde. Eine Stute hebt den Kopf, eine andere macht sich bereit, um aufzustehen, und auch der zweijährige Hengst kommt langsam zwischen den Felsen hervor. Nach und nach beenden alle Tiere ihre Ruhephase und folgen der Stute mit dem neugeborenen Fohlen. Die Stute läuft geradewegs einen steilen Abhang hinunter, achtet aber stets darauf, dass ihr Fohlen dicht an ihrer Seite ist.

Genauso wie jetzt auf ihr neugeborenes Fohlen hat sie zuvor auch auf den heute Zweijährigen aufgepasst. Der hat überhaupt keine Probleme, den steilen Weg zu meistern. Wie eine Gazelle bewegt er sich leicht und locker in Richtung der Wasserstelle. Die Stute mit dem Fohlen hat den größten Durst. Kein Wunder, noch sind die Gräser nicht sehr saftig und ihr Fohlen entzieht ihr über die Muttermilch viel Feuchtigkeit.

Absetzen

Das Trennen von Stute und Fohlen durch den Menschen wird Absetzen genannt. Üblicherweise passiert das, wenn ein Fohlen ungefähr sechs Monate alt ist. In der Natur gibt es kein vergleichbares Verhalten. Dort verlässt der Nachwuchs frühestens mit einem Jahr, meist aber erst sehr viel später, seine Geburtsherde und lebt dann im nahen Umfeld weiter. In Amerika wird passenderweise der Verkauf von Mustangs Adoption genannt.

Youngsters assistieren häufig Althengsten. Kontakt zu anderen Herden nehmen sie allerdings aus anderen Gründen auf.

Auch der Zweijährige erfrischt sich an dem kleinen Bach mit Quellwasser. Als kurz darauf der Althengst die Herde von der Wasserstelle wegtreibt, bleibt der Zweijährige zurück. Er hat sich schon vorher etwas abseits der anderen Pferde hingestellt. Immer wieder schaut er in Richtung Wald. Er ist aufmerksam, aber nicht nervös. Der Rest der Herde ist dagegen schon etwas unruhiger. Lange vor mir haben die Pferde bemerkt, dass der einzelne dreijährige Hengst näher kommt.
Während der Althengst und die Mutterstute das zerbrechliche Fohlen in ihre Mitte nehmen, prustet der Zweijährige laut und galoppiert geradewegs in Richtung des fremden Hengstes. Der Dreijährige kommt ihm im ruhigen Schritt entgegen. Die beiden treffen in einem dichten Gebüsch aufeinander.

Lautes Quietschen hallt aus dem Dickicht und wird mehrfach von den Bergen reflektiert. Ich laufe so schnell ich kann in Richtung der beiden Hengste. Da die beiden lauthals Aktion angekündigt haben, ist es kein Problem, dass auch ich mich schnell bewege.

SHOWDOWN IM GEBÜSCH

Ich erwarte eine heftige Auseinandersetzung und werde wieder einmal überrascht. Als ich näher komme, sehe ich, wie die beiden eng beieinanderstehen und sich freundschaftlich begrüßen. Die Wahrscheinlichkeit, dass die beiden Brüder sind, ist sehr hoch. Zumindest kennen sie sich. Nach der ausgiebigen Begrüßung laufen sie zusammen in einen lichten

Ein fremder Junghengst nähert sich ruhig der Herde.

Der innige Körperkontakt zeigt: Die beiden kennen sich gut.

Tannenwald und beginnen sofort, sich gegenseitig die Mähnen zu beknabbern. Das intensive Grooming ist ein deutliches Zeichen der Verbundenheit. Nach der Fellpflege folgen weitere typische freundschaftliche Gesten, wie sie auch heranwachsende Fohlen machen, wenn sie miteinander spielen. Ihren Kontakt lösen sie durch einen kleinen Lauf zurück zur Wasserstelle wieder auf. Da stehen sie nun, die beiden Junghengste, und schauen der Herde hinterher. Die hat sich nämlich in der Zwischenzeit auf den Weg zurück in die Berge gemacht. Für den Zweijährigen ist es nun an der Zeit, sich zu entscheiden. Soll er bei seinem Bruder bleiben und mit ihm zusammen eine kleine Gemeinschaft gründen oder soll er zurück in seine Herde gehen? Nach langem Zögern entscheidet er sich dann doch, weiterhin bei seinen Eltern zu bleiben, und folgt ihnen in die Berge. Auf seinem Weg nach oben bleibt er aber immer wieder stehen und dreht sich zu seinem Bruder um. Aber nein, heute ist noch nicht der Tag, um bei ihm zu bleiben. Die beiden werden sich aber wiedersehen. Und da sein Bruder immer in der Nähe ist, kann der Zweijährige mit seiner Entscheidung noch warten, bis er bereit ist, sich von seiner Herde zu lösen.

»Wilde Pferde können sich Zeit nehmen, um ihre Herde zu verlassen.«

FREUNDE FÜRS LEBEN

Die beiden Braunen und die beiden Schimmel sind bereits stattliche Hengste. Trotzdem hat keiner von ihnen bisher eine eigene Herde gegründet. Zumindest keine Herde, wie sie im klassischen Sinn verstanden wird. Sie haben keine eigenen Stuten, sondern leben in einer Männergemeinschaft, in einer Junggesellengruppe.

Lange Zeit habe ich Junggesellengruppen einfach nur als nervig oder, besser gesagt, als anstrengend empfunden. Das kam daher, dass ich mich immer nur in „normalen", also gemischten Herden aufgehalten und die jungen Hengste aus der Sicht der Stuten oder Herdenhengste wahrgenommen habe.
Irgendwann habe ich mich dann gefragt: „Warum sind die so unglaublich anstrengend?" Gut, als Mann kann ich diese Frage selbstverständlich schnell beantworten. Natürlich scharwenzeln sie ständig um die Herden herum, weil sie eine Stute erobern wollen. Tja, und wenn ich mich daran erinnere, wie lange es dauerte, bis ich Eike vor knapp 30 Jahren erobert hatte, muss ich gestehen: Ich war wohl genauso nervig. Aber es hat ja dann doch irgendwann geklappt. Also habe ich natürlich vollstes Verständnis für die Junghengste und mache mich auf den Weg, um sie besser kennenzulernen.

AUF ZUR MÄNNER-WG

Sich einer Gruppe junger Hengste anzuschließen ist leicht. Sie sind kontaktfreudig, viel in Bewegung und sehr direkt in ihrer Kommunikation. Auf eine Einladung in ihre Gruppe kann man allerdings lange warten. Ist man unerwünscht, machen die Jungs das sehr schnell und unmissverständlich deutlich. Sie bauen sich einfach in einer Reihe auf, fixieren einen, schnaufen und schütteln ihre Köpfe. Wenn das passiert, sollte man tunlichst ein paar Schritte zurückgehen und sie in Ruhe lassen. Eine Reaktion, von der jeder Pferdetrainer normalerweise abraten würde. Aber wenn ich nicht zurückweiche, würden die wilden Hengste mit einem Angriff antworten. Dieser muss nicht zwingend eskalieren, nein, es sind auch weitere Warnstufen wie ein Umlaufen oder Ansteigen möglich.
Reagieren junge Reithengste also ähnlich, sind sie nicht böse oder gar aggressiv, sondern verhalten sich nur natürlich. Der Fehler liegt beim Menschen, der häufig junge Tiere überfordert. Aber die vier Jungs sind nicht mehr ganz so jung und außerdem ziemlich cool. Sie scheinen sich über etwas Abwechslung zu freuen, denn jetzt am Tag haben sie nicht viel zu tun.
Der Herdenverband, dem sie angeschlossen sind, ist nicht auf der Wanderung und tagsüber sind die Pferde auch recht sicher. Wenn überhaupt, kreuzen mal ein paar streunende Hunde den Weg der Pferde. Die sind aber leicht und schnell vertrieben. Nachts sieht das Ganze schon anders aus. Wenn es dunkel wird, unterstützen die Hengstgruppen die anderen Althengste beim Schutz der Herden. Sicherlich ist das einer der Gründe, warum die Hengstgruppen auch tagsüber in

Bereits vor dem Spiel ist klar, dass der Schimmel hier das Kommando hat.

Ähnlich wie Hunde zeigen auch Hengste Spielaufforderungen.

Das Ritual gipfelt in einem wild aussehenden Kräftemessen.

der Nähe der Herden geduldet werden – obwohl sie schon etwas älter sind und manchmal auch ganz schön anstrengend sein können.

Sind sie nicht mit Wachehalten oder dem Eroberungsversuch einer Stute beschäftigt, richtet sich ihre Energie in ihre eigene Gruppe. Dabei unterscheidet sich ihr Sozialverhalten nicht sehr von dem der anderen Herden. So widmen sich auch Hengste untereinander ausgiebig der gegenseitigen Fellpflege. Und auch, wenn sie wesentlich älter sind als Fohlen oder Jährlinge: Sie toben miteinander und fordern sich zum Kräftemessen heraus, indem sie sich ansteigen. Nur ist ihr Spiel heftiger als bei jüngeren Tieren, allerdings längst noch nicht so abgeklärt wie das Kräftemessen von Althengsten.

JUNGS WOLLEN SPIELEN

Kennen sich Pferde schon länger, fällt die Anfrage zum Spiel oft nur sehr kurz aus. Trotzdem halten sich die Tiere immer an das gleiche Ritual. Ein Pferd fragt an, indem es auf ein anderes zugeht, und wartet ab, bis dieses die Aufforderung annimmt. Bei Hengsten folgt dann meist ein wechselseitiger Kontakt mit den Nasen.

Anschließend steigen sie sich immer wieder an und beißen sich auch gerne wiederholt in die Vorderbeine. Von außen wirkt das schnell wie ein ernsthafter Kampf. Steht man allerdings direkt zwischen den Hengsten, merkt man sofort, dass es sich dabei

eher um ein Training handelt. Denn für gewöhnlich gibt ein Hengst dem anderen Zeit, wenn dieser ins Straucheln gekommen ist, um sich wieder neu zu sortieren.
Diese Hengstspiele können sehr lange dauern. Dass die Jungs eine halbe Stunde oder länger in ihr Spiel aus Angriff und Verteidigung vertieft sind, bevor sie es durch ein Laufspiel wieder auflösen, ist keine Seltenheit. Für die Tiere ist dieses Training sehr wichtig, sie stärken dadurch nicht nur ihre körperlichen Kräfte, sondern auch ihre freundschaftlichen Beziehungen. Das mag bei Frauen vielleicht Kopfschütteln verursachen, aber wir Jungs sind nun einmal so. Und wer schon einmal intensiv Kampfsport betrieben hat, der weiß aus eigener Erfahrung, wie sehr dieses durch festgelegte Rituale und Respekt geprägte Training die Verbundenheit zwischen zwei Partnern festigt. Im Übrigen machen junge Hengste, die in ihren Geburtsherden bleiben, die gleichen Spiele. Nicht nur untereinander, sondern auch mit ihrem Vater. Dabei ist es häufig der Althengst, der seine Söhne zum Training auffordert.

»Junge Hengste, die häufig miteinander spielen, bleiben oft ihr Leben lang eng befreundet.«

Das Spiel von Hengsten ähnelt dem Kampfsporttraining …

… und ist geprägt von Etikette und gegenseitigem Respekt.

HERDENWECHSEL
— *Was trotzdem bleibt*

Veränderungen in einer Herde haben viele Gründe. Verlässt ein Pferd die Gruppe, passiert das nie ohne Vorzeichen. Zwei Dinge bleiben jedem Wildpferd bei einem Herdenwechsel vertraut: ihr Lebensraum und ihr Herdenverband. Außerdem halten Hengste weiterhin Kontakt zu ihrer Geburtsherde.

EIN PFERD GEHT VON SELBST

Nicht nur junge Hengste verlassen aus eigenen Stücken ihre Herde, sondern auch Stuten wechseln, wenn sie sich nicht wohlfühlen, ihre Gruppe. Diese Art des Herdenwechsels kann sich über Wochen oder gar Monate hinziehen.

EINE STUTE WIRD EROBERT ODER EINGELADEN

Nicht immer sind Hengste so höflich wie der alte Hengst in den Bergen (siehe Seite 19). Vor allem, wenn Herden dichter zusammenleben und nur selten Stuten von selbst ihre Herde verlassen, können Hengste auch fordernder werden. Trotzdem wird es ein Hengst kaum schaffen, eine Stute zu halten, wenn sie partout nicht bleiben will.

EIN PFERD WIRD VERWIESEN

Ein Jungtier, das gerne in der Herde bleiben möchte, wird vor die Tür gesetzt. Eine harte Sache? Etwas, aber auch diese Maßnahme, die ausschließlich vom Althengst durchgeführt wird, zieht sich über einen längeren Zeitraum hin. Es gibt zwei Gründe, warum ein Pferd die Herde verlassen muss. Fühlt sich der Althengst nicht in der Lage, mehr Pferde zu führen oder zu beschützen, als bereits in der Gruppe sind, vertreibt er den Nachwuchs. Das gilt gleichermaßen für seine Söhne wie für seine Töchter. Auch ein Pferd, dass charakterlich nicht in die Herde passt, muss gehen, damit das Gleichgewicht in der Gruppe nicht gestört wird. Welche Pferde das sind, zeichnet sich bereits früh ab. Ohne Zustimmung des Althengstes kann also kein Pferd in der Herde bleiben. Allerdings wird auch kein Tier gezwungen, in einer Herde zu bleiben.

01

02

01 Hengste können genau einschätzen, wie viele Pferde sie in ihrer Herde führen und beschützen können.

02 Stirbt der Althengst und übernimmt ein neuer Hengst die Herde, kann es sein, dass auch Altstuten die Gruppe verlassen.

03 Jungtiere nehmen vor ihrem Herdenwechsel vorsichtig Kontakt zu verschiedenen Herden auf.

03

MÄNNERGESPRÄCHE

Kontakte zwischen Herden sind reine Männersache. Die Stuten und auch alle Jungtiere halten sich von diesen Begegnungen fern. Wie häufig die Althengste zusammentreffen, hängt vom Lebensraum und von der Struktur des Herdenverbands ab. In manchen Gebieten begegnen sich die Hengste fast täglich, während anderswo auch leicht eine Woche ohne direkten Kontakt verstreichen kann.

Genüsslich schubbert sich der Althengst den Bauch. Ein aus dem Boden ragender alter Eichenast ist dafür ideal. Immer wieder bewegt er sein Brustbein hin und her. Sichtlich glücklich über diese ideale Möglichkeit, sich die sonst nicht zu erreichende Stelle von losen Haaren zu befreien, verliert er seine Herde aus den Augen.

Seine Unaufmerksamkeit bleibt nicht unbeachtet. Heimlich schleicht sich ein anderer Herdenhengst in seine Gruppe. Dieser hat keinesfalls die Absicht, eine Stute zu decken, nein, er geht direkt in einen Pulk zweijähriger Hengste hinein. Diese reagieren nicht auf den anderen Hengst und auch er nimmt keinen direkten Kontakt mit den Nachwuchstieren auf. Die Pferde stehen lediglich näher beisammen, als es üblich ist. Obwohl das Ganze geräuschlos vonstatten geht, bleibt die Aktion vom Althengst nicht unbemerkt.

Augenblicklich beendet er seine Körperpflege und rauscht im vollen Tempo durch seine Herde, auf den anderen Hengst zu. Dabei ist seine gesamte Energie nach vorne gerichtet. Seine Ohren sind gespitzt und mit seinem Blick fokussiert er den anderen Hengst. Der Althengst nimmt direkten Kurs auf den anderen Hengst. Alle Pferde aus seiner Herde springen zur Seite, um ihm Platz zu machen. Auch die Zweijährigen in der Nähe des anderen Hengstes bringen sich in Sicherheit. Innerhalb weniger Sekunden ist die Herde dicht zusammengerückt.

Das Eindringen eines anderen Hengstes in die Herde ist für jeden Herdenchef eine große Provokation. Kein Wunder, dass der mächtige Hengst, der sich sonst so tolerant zeigt, jetzt sehr energisch reagiert.

Der 9-Jährige Hengst will seine Herde vergrößern.

Ritual ohne Berührungen zwischen zwei Herdenhengsten. Wer tiefer und länger steht, ist der Ranghöhere.

TREFFEN DER HENGSTE

»Echte Kämpfe zwischen Hengsten sind selten. In einem homogenen Herdenverband sind Rituale zur Bestätigung der Rangordnung die Regel.«

Der Moorboden unter meinen Füßen vibriert, als die beiden Hengste aufeinandertreffen. Erst kurz vor dem Eindringling bremst der Althengst ab und hebt seine Vorhand leicht vom Boden. Sein Kontrahent steigt dagegen fast kerzengerade in den Himmel. Gleichzeitig schnellen seine Hufe nach vorn und er macht einen gewaltigen Kragen. Sein imposanter Anblick scheint der Ausdruck von Überlegenheit zu sein. Das ist allerdings die vollkommen verkehrte Einschätzung der Lage. Tatsächlich zeigt sich bei dieser Begegnung, dass der Althengst dem Herausforderer weit überlegen ist. Der Alte steht tiefer und länger auf seinen Hinterbeinen. Das demonstriert Kraft und Ausdauer. Für die Hengste ist dieses festgeschriebene Ritual ein großer Vorteil. Sie brauchen nicht gegeneinander zu kämpfen, um ihre Stärke zu messen. Es ist sogar so, dass sich Hengste bei dieser Form der Begegnung nicht einmal berühren.

Der 17-Jährige Althengst (rechts im Bild) bekräftigt seine Stellung und damit die seiner Herde im Herdenverband.

Ein ernsthafter Kampf ist dieses Treffen nicht. Das Ritual dient nur zur Bestätigung der Rangordnung. Diese ist seit vielen Jahren unverändert und sorgt für einen stabilen Herdenverband.
Das Gespräch zwischen den beiden Hengsten dauert nicht lange und beide drehen kurz darauf wieder ab. Der Jüngere geht allerdings nur bis an den Rand seiner Gruppe, um sich wenige Minuten später auf den Weg zum nächsten Hengsttreffen zu machen. Der Ältere begibt sich dagegen direkt in seine Herde und verweilt bei seinen ein- und zweijährigen Söhnen. Nachdem er sich intensiv durch Berührungen mit ihnen ausgetauscht hat, untersucht er ein nahe liegendes Schilfgebiet und entdeckt dort Wildschweine. Umgehend führt der erfahrene Hengst seine Herde in ein anderes Weidegebiet. Alle Gruppen aus dem Herdenverband folgen ihm und seiner Herde, ohne zu zögern. Auch die Herde von seinem jüngeren Herausforderer.

Direkt im Anschluss geht der Althengst wieder zu seiner Herde.

Zwischen dem Farn vom Vorjahr suchen die Pferde nach Gräsern. Ich bin erstaunt, wie unterschiedlich sie schmecken.

BEGEGNUNG IM WALD

Es ist das dritte Mal, dass sich der Jährling nähern möchte. Die Herde ist gerade in einer Fressphase und ich habe mich einfach daneben hingehockt. Ich imitiere das Grasen, indem ich an ein paar Grashalmen zupfe. Als der Jährling neugierig näher kommt, sehe ich aus dem Augenwinkel, dass der Althengst sich plötzlich aufrichtet.

Ich kenne das Verhalten vom Hengst genau. Es ist ein deutliches Zeichen dafür, dass sich aus seiner Blickrichtung Tiere nähern. Deshalb unterbreche ich meine „Fressphase" und begebe mich zum Hengst an den Rand der Herde. Den Jährling und auch alle anderen Pferde aus der Herde interessiert das nicht. Ich stelle mich neben den Hengst und schaue in dieselbe Richtung wie er. Von unserer Anhöhe haben wir einen guten Blick durch den Wald. Nur die Stämme der mächtigen Tannen verdecken etwas die Sicht. Zum Glück gibt es in diesem Bereich des Waldes kaum Büsche oder Unterholz. So ist die Situation insgesamt doch recht übersichtlich.

Es dauert nicht lange, bis auch ich zwischen den Bäumen Pferde entdecke. Der Hengst bleibt die ganze Zeit in hoher Aufrichtung und wendet seinen Blick in den nächsten fünf Minuten nicht einmal von der anderen Herde ab.

Der Althengst hat plötzlich das Fressen unterbrochen.

Seine Kopfhaltung verrät die Entfernung der anderen Tiere.

ERST ABWARTEN – DANN LOS

Der alte Hengst macht einen Hirschhals. Ein Hirschhals ist für Reiter ein Hinweis auf ein schlecht gerittenes Pferd. Da dieser Hengst keinen Reiter zu tragen braucht, kann er sich auch aufwerfen. So wird bei Wildtieren diese Körperhaltung genannt. Die Pferde können in dieser Pose ihr Gegenüber besser sehen. Je weiter sie dabei die Nase nach vorn strecken, desto weiter ist auch ihr Gegenüber entfernt.
Genug gesehen. Der Althengst macht sich auf den Weg. Er geht im Schritt einen großen Kreisbogen durch den Wald, um dann von der linken Seite geradewegs zur anderen Herde zu galoppieren.

Die Stuten weichen allesamt zur Seite, als er auf den Althengst der anderen Herde trifft. Es ist ein pechschwarzer, mächtiger Hengst. Neben ihm wirkt unser Herdenhengst fast unscheinbar. Der Schwarze nimmt den Ansturm unseres Hengstes gelassen auf. Er weicht nicht aus, sondern geht ruhig ein paar Schritte auf unseren Hengst zu.
Der erwartete Aufprall bleibt aus und die beiden stehen nebeneinander, ohne sich berührt zu haben. Die beiden Hengste werden die nächsten acht Minuten nebeneinanderstehen.
In dieser Zeit werden sie kein einziges Mal steigen, beißen oder ausschlagen. Nein, was nun folgt, ist ein höfliches Gespräch unter Pferden. Ja, auch Männer können gute Manieren haben.

NUR MAL HALLO SAGEN

Ihr Gespräch beginnt mit einem respektvollen „Guten Tag“-Sagen. Das machen die beiden, indem sie kontrolliert aufeinander zu gehen. Anschließend folgt ein „Handschlag“. Allerdings schlagen sie dabei nicht ihre Vorderhufe zusammen, sondern sie beriechen sich zunächst kurz mit den Nasen. Danach beginnt quasi ein kleiner Smalltalk. Der Schwarze beriecht die Schulter unseres Hengstes, während dieser ganz vorsichtig seine Nase in Richtung Schweifansatz des Schwarzen streckt. Dabei stehen die beiden immer noch frontal zueinander.

»Respekt ist die Basis für ein gutes Gespräch.«

In dieser Körperstellung verharren die beiden für fast zwei Minuten, wobei sie zwischendurch immer wieder ihre Köpfe kreisförmig verdrehen. Erst nach diesem ausgiebigen Begrüßungsritual öffnet der mächtige schwarze Hengst seine Flanke. Die beiden stehen nun in einer T-Stellung zueinander, wobei ausschließlich der Schwarze seine Breitseite präsentiert. Unser Althengst erwidert das Angebot des Schwarzen, indem er ganz behutsam seinen Hals streckt und ihn vorsichtig mit der Nase berührt. Dieses Bild erinnert mich in großen Teilen an die Kommunikation zwischen unserem Hengst und seinem Sohn, dem Jährling. Kurze Zeit später dreht

Der fremde Hengst schickt seine Herde weg von dem Treffpunkt. Sie bleibt am Treffen der Hengste unbeteiligt.

sich der schwarze Hengst weiter und lässt unseren Hengst schräg von hinten an seiner Nase schnuppern. Die beiden erfahrenen Herren wechseln daraufhin noch einmal ihren Standort und der schwarze Hengst setzt einen Markierungshaufen, bevor die beiden ihr Treffen durch ein Laufspiel beenden. Dabei folgt der schwarze Hengst uns ein Stück in Richtung unserer Herde, bevor er umdreht und in seine Herde zurückkehrt.

KEINE BETEILIGUNG DER ANDEREN PFERDE

Alle anderen Pferde waren zu keinem Zeitpunkt an dem Treffen der beiden beteiligt. Typisch für die Kommunikation zwischen Herden war das ein reines Männergespräch. Leider kann ich nur erahnen, worüber die beiden gesprochen haben. So bleibt an dieser Stelle viel Raum für Spekulationen. Fakt ist allerdings, dass die beiden Herden in den nächsten Tagen mit nur wenigen Hundert Metern Abstand dicht zusammenstehen werden. Ein für dieses Gebiet sehr enges Miteinander. Ob der Grund dafür ein bevorstehender Wetterwechsel oder eine erhöhte Gefahr eines Wolfsangriffs ist, kann ich im Moment nur erraten. Ich werde mich jetzt auf jeden Fall wieder zurück in die Herde begeben und probieren, ob ich mich mit dem Jährling unterhalten kann. Vielleicht weiß er ja, was sein Vater mit dem schwarzen Hengst besprochen hat.

Kontakte zwischen Herden

Regelmäßige Kommunikation zwischen den Herden wird ausschließlich von den Althengsten gepflegt. Dabei entwickeln sich teilweise enge Freundschaften, die ihr gesamtes Leben bestehen können. In diesen Fällen ist es keine Seltenheit, dass die verschiedenen Herdenhengste sogar nebeneinander schlafen. Zwischen den Herden herrscht dann eine ähnliche Harmonie wie in den einzelnen Gruppen.

Der friedliche Kontakt ist ein Zeichen enger Verbundenheit.

Mit einem Laufspiel beenden die Althengste ihre Begegnung.

AUSFLUG ANS MEER

Es ist ein ganz besonderer Tag. Ein zarter Schleier liegt über der Halbinsel. Der Wind hat feinen Wüstensand aus der Sahara bis nach Schleswig-Holstein getragen und gleichzeitig ist der Wasserspiegel auf ein Rekordtief gesunken. Es ist schon viele Jahre her, dass das Noor für die Koniks zugänglich war, und so machen sie sich auf den Weg, das freigelegte Terrain zu erkunden.

Die Pferde halten sich in der Nähe der ehemaligen Wasserkante auf. Das Grasland endet abrupt an der Stelle, an der noch vor wenigen Tagen das salzige Nass an ihre Weidegründe schwappte. Die Herden stehen dabei ungewöhnlich dicht zusammen. Es herrscht eine friedliche Stimmung.

Die Alttiere sind nicht sonderlich interessiert an dem frei gewordenen Sandstreifen. Die jüngeren Tiere dagegen schon. Eine Gruppe junger Hengste untersucht neugierig den Boden. Vorsichtig beschnuppern sie einen alten Baumstamm, der durch das Wasser freigelegt wurde. Auch ein Fohlen aus dem Frühjahr traut sich auf den unbekannten Untergrund. Fast 30 Meter weit läuft es hinaus, um ein paar Zweige mit dem Maul hochzuheben. Das Fohlen ist bereits ein gutes halbes Jahr alt und seine Mutter stört sich nicht daran, dass es sich schon mal weiter von ihr und der Herde entfernt.

ES IST OKTOBER

Der Oktober ist eine angenehme Zeit für die Pferde. Die Hitze des Sommers ist verflogen, die Fohlen sind aus dem Gröbsten raus und Nahrung ist immer noch im Überfluss vorhanden. Auch gibt es wenig Aktivitäten zwischen den Herden und kaum ein Tier wechselt seine Gruppe.

Kein Wunder also, dass die Stuten so entspannt sind und ihrem Nachwuchs mehr Freiheiten zugestehen. Der Nachwuchs bleibt trotzdem in der Nähe. Maximal 100 Meter entfernen sie sich von ihrer Gruppe und sie gehen nur so weit auf den Meeresboden, wie er sich noch fest anfühlt. Anstatt weiter hinauszulaufen, beginnen sie miteinander zu raufen. Eine Dreiergruppe ist vertieft in ihr turbulentes Spiel. Wiederholt steigen sie sich an und gehen anschließend auf die Knie, um sich gegenseitig in die Beine zu zwicken. Immer wilder drehen sich die drei im Kreis, bis sie durch Verfolgungsjagden das enge Gewühl auflösen. Erst, als sie die gesamte Uferlinie mehrmals auf und ab galoppieren und völlig aus der Puste stehen bleiben, bemerken sie, dass es da noch viel mehr zu entdecken gibt.

NEUGIERDE MACHT MUTIG

Die wilden Jungs blicken in die Richtung, in der vor Kurzem noch eine riesige Wasserfläche lag. Sie verharren und wissen nicht so richtig, was sie machen sollen. Auf der einen Seite liegt da ein neues, unbekanntes Gebiet vor ihnen, dass ja so aufregend sein könnte. Auf der anderen Seite fühlt sich der Untergrund auch sehr merkwürdig an. Mit jedem Schritt wird der Boden

Ein tiefer gelegener Bereich im Landesinneren, der normalerweise mit Meerwasser bedeckt ist, wird in Schleswig-Holstein als Noor bezeichnet.

tiefer und morastiger. Dabei kennen sie Morast von Geburt an. Schon ihre ersten Schritte haben sie auf weichen Moorwiesen gemacht. Daher sind ihre Hufe an ihren Lebensraum angepasst.

»Junge Pferde sind von Natur aus neugierig. Schön, wenn sie die Chance bekommen, Unbekanntes selbst zu entdecken.«

Im Gegensatz zu Hufen von Pferden in trockenen oder steinigen Gebieten sind die Hufe der Koniks hier etwas breiter und auch länger. Denn während anderswo die Hufränder durch die Abnutzung auf hartem Untergrund regelmäßig abgeschliffen werden, brechen bei Pferden, die auf überwiegend weichem Boden leben, die Hufränder ab, wenn sie zu lang werden. Ja, man sollte meinen, dass Pferde, die in einer Sumpflandschaft leben, keine Angst vor etwas feuchtem Sand haben. Es ist ihr Urinstinkt, der sie bei veränderten Situationen scheuen lässt. Das kann der Boden sein, ein ungewöhnlicher Geruch, ein beunruhigendes Geräusch oder auch optische Veränderungen in ihrer Umgebung. „Mmh“, denke ich, „möglicherweise verwechsle ich schon wieder Angst mit Vorsicht“, als mir der

Die jungen Pferde betreten das „Neuland“ vorsichtig und konzentriert. Schritt für Schritt tasten sie sich vor.

Die Herden folgen gemeinsam den Jungtieren.

Intensive Kommunikation auf engstem Raum.

ungewohnt modrige Geruch des Schlicks in die Nase steigt. Außerdem weiß ich ja gar nicht, ob die jungen Pferde möglicherweise schon einmal schlechte Erfahrungen mit einer weichen, sandigen Stelle im Boden gemacht haben. Vielleicht ist eines der Tiere als Fohlen im Morast stecken geblieben und hat sich mühsam wieder herausgekämpft.
Je länger ich darüber nachdenke, desto mutiger finde ich auf einmal die jungen Koniks. Ich bleibe seitlich von ihnen, um sie bei ihrer Erkundungstour nicht zu stören. Schritt für Schritt gehen die jungen Pferde weiter. Immer wieder bleiben sie zwischendurch stehen. Dabei halten sie sich ganz dicht zusammen und sind vollkommen ruhig. Kein Raufen oder Toben mehr. Nein, fast andächtig tasten sie sich vor.

DIE ALTTIERE BLEIBEN ZURÜCK

Ihr Ausflug geht dabei nicht unbemerkt vonstatten. Ohne dass die Jungen Notiz davon genommen haben, folgt ihnen der gesamte Herdenverband.
Die Alttiere sind weniger zögerlich. Trotzdem überholen sie ihren Nachwuchs nicht und lassen die jungen Pferde einen Weg suchen.
Es dauert 15 Minuten, bis der Nachwuchs durch tieferen Schlick den Weg bis auf eine höher gelegene Sandbank gefunden hat. Hierher folgen ihnen alle Tiere. Insgesamt vier Herden haben sich nun versammelt. Alle sind ins Noor mitgekommen und kein einziges Pferd ist zurückgeblieben.

Die Herden stehen trotz des beengten Platzes deutlich voneinander getrennt. Dadurch bleibt die Atmosphäre entspannt.

Die Sandbank ist nicht sonderlich groß für insgesamt fast 100 Pferde, und von Weitem macht es den Eindruck, als wenn sich dort nur eine riesige Herde versammelt hat. Tatsächlich bleiben die Gruppen aber getrennt voneinander. Die Althengste achten sehr darauf, dass sich die Herden nicht vermischen. Nur so können sie sich sicher sein, dass die Atmosphäre ruhig und entspannt bleibt. Nachdem sie sich davon überzeugt haben, dass alles in geordneten Verhältnissen abläuft, mischen sie sich unter die anderen Pferde.

EINE STUNDE DER UNBEFANGENHEIT

In der nächsten Stunde findet ein reger sozialer Austausch statt. Die Pferde sitzen ja praktisch auf der Sandbank fest, es gibt nichts zu fressen und eine Ruhephase ist nachmittags um halb fünf auch noch nicht in Sicht. Da drängt sich eine intensive Kontaktpflege förmlich auf. Die Pferde stecken ihre Nasen zusammen, pusten sich leicht an und beriechen sich gegenseitig. Sie wechseln immer wieder ihre Gesprächspartner.

Sehr viel bewegen sich die Pferde dabei nicht. Mal ein paar Schritte zur Seite, dann umgedreht – es erfordert keinen großen Aufwand, um mit den Herdenmitgliedern Kontakt aufzunehmen.
Nach einer Stunde des regen Sozialkontakts wird es fast zeitgleich in allen Herden ruhiger. Die Pferde stehen da, als ob sie darauf warten, abgeholt zu werden, als sich ein Althengst auf den Weg macht. Er zieht ruhig, aber kontinuierlich eine Spur durch den tiefen Schlick in Richtung Weideland, worauf ihm zunächst seine Herde und dann auch die anderen Gruppen folgen.

Hufe als Tastorgan

Die Bedeutung der Hufe wird unterschätzt. Pferde nutzen sie nicht nur zum Laufen, sondern auch als Tastorgan. So können sie damit, ähnlich wie wir mit nackten Füßen, die Beschaffenheit des Bodens erfühlen. Außerdem spüren Pferde feine Vibrationen über die Rezeptoren ihrer Hufkissen. Dadurch können Pferde sich nähernde Tiere an kleinen Erschütterungen im Boden bemerken und sogar seismisch kommunizieren.

AUF DER FLUCHT

Anfang November. Es regnet und nur die bunten Blätter erinnern noch an den goldenen Oktober. Die Pferde haben sich zusammengezogen. Sie sind nervös. Gut versteckt zwischen großen Laubbäumen stehen vier Herden in einer kleinen Senke. Aus jeder Herde halten zwei Pferde aufmerksam Wache.

Die Nervosität der Tiere wird nicht an unruhig hin und her laufenden Pferden deutlich. Ganz im Gegenteil, jetzt in der zweiten Ruhephase des Tages sind die meisten am Dösen. Trotzdem, irgendetwas ist anders als sonst.

Es ist ein ungewöhnlicher Platz, an dem sie stehen. Es handelt sich eher um eine Wegkreuzung als um einen geschützten Ruhebereich. Von hier aus gehen mehrere von ihnen stark frequentierte Pfade in alle Himmelsrichtungen. Immobilienmakler würden diesen Ort als zentrale, aber ruhige Lage beschreiben. „Ob sich die Koniks jetzt wohl einen Makler wünschen? Jemanden, der ihnen einen trockenen Stall zur Miete vermittelt?" Ich muss lachen. Sicherlich nicht. Ich war schon mehrmals in Gebieten unterwegs, in denen verlassene Scheunen offen zugänglich waren.

Irgendetwas Beunruhigendes liegt in der Luft. Nur weil die Herde den aufmerksamen Wachposten vertraut, herrscht Ruhe.

Außen herum oder auch mal auf abgerissenen Fundamenten konnte ich Pferde beobachten, aber im Innenbereich? Fehlanzeige!
Noch nie habe ich eine Wildpferdespur in einem Gebäude entdecken können. Ja, ich bin überzeugt davon, dass sie sich hier draußen am wohlsten fühlen. Mir fällt dabei ein, dass mir mal erzählt wurde, dass Wildpferden Karotten zum Fressen angeboten wurden. Die Pferde sollen einfach drübergetrampelt sein und haben die Wurzeln nicht als mögliche Nahrung identifiziert.
Es gibt so viele Dinge, von denen wir denken, sie wären gut für Pferde, dabei benötigen Pferde sie überhaupt nicht. Vergessen wird dagegen leider häufig, dass für Pferde das Wichtigste ihre Herde ist. Sie ist es, die ihnen Sicherheit und ein Zuhause gibt.

Solange die Tiere, die Wache halten, ruhig bleiben, sind auch die anderen Herdenmitglieder entspannt. Es würde überhaupt keinen Sinn ergeben, wenn sie sich ständig im Fluchtmodus befänden. Das würde viel zu viel Energie verbrauchen. Um aber ruhig zu bleiben, müssen sie einander blind vertrauen.

DAS PFERD ALS BEUTETIER

Um sich vor Angreifern zu schützen, nutzen wilde Pferde verschiedene Techniken. So gibt es Herden, die sich gekonnt verstecken, häufig ihren Aufenthaltsort wechseln und auf ein ausgeklügeltes Fluchtwegenetz zuückgreifen. Bei einer Flucht schlagen sie

Rechnen Pferde mit einem Angriff oder fühlen sich unsicher, rücken sie zunächst dichter zusammen.

Aus jeder Herde hält der Althengst und mindestens eine Stute Wache. Die Wachposten stehen dabei in ständigem Kontakt.

teilweise, ähnlich wie Hasen, Haken zur Ablenkung und ändern blitzschnell ihre Fluchtrichtung. Schon einige Male bin ich hinter einer Herde hergelaufen und habe sie erst nach Stunden an einem ganz anderen Ort als vermutet wiedergefunden.
Andere Pferde setzen stärker auf den Schutz durch eine sehr große Gemeinschaft. Gerade in Gebieten mit nur wenigen Versteckmöglichkeiten bleiben die Herden dichter zusammen. Wie anpassungsfähig Pferde sind, zeigt sich hier: Die Koniks haben eine Kombination aus beidem gewählt. Tatsächlich schaffen sie es immer wieder, sich selbst in einer flachen Sumpflandschaft zu verstecken. Die üppige Vegetation und ein paar Wälder helfen ihnen dabei, trotzdem bleiben alle Herden im engen Kontakt. Der Herdenverband mit seinen einhundert Tieren ist, selbst jetzt,

»Die Rangordnung zwischen Hengsten dient als Grundlage für die Aufgabenverteilung bei einem Angriff.«

als ich direkt zwischen ihnen stehe, kaum zu hören. Die Ohren einer erfahrenen Stute bewegen sich aufmerksam hin und her. Wie kleine Abhörmikrofone richtet sie sie ständig neu aus. Sicherlich ist sie dafür verantwortlich, den Bereich direkt vor sich zu überwachen. Dennoch horcht sie immer wieder nach hin-

Angst – ein wichtiger Schutzreflex für Wildpferde.

EINHUNDERT PFERDE IM FLUCHTMODUS

Wenn vor ein paar Minuten noch ein einzelner knackender Zweig deutlich zu hören war, so ist das Geräusch, dass die Pferde jetzt selbst verursachen, eher mit einem untergehenden Schiff zu vergleichen. Überall zerbersten Äste, und alles, was den Pferden im Weg steht, wird von ihnen niedergewalzt.
Da sich beim Auslösen der Flucht der gesamte Herdenverband gedreht hat, befinden sich die Stuten, die Wache gehalten haben, zunächst auch ganz am Ende der Gruppe. Das wird sich allerdings im Laufe der Flucht ändern. Sehr schnell beginnen sich die Pferde zu formieren. Jede Herde kennt genau ihre Aufgabe und Position während einer Flucht.

ten und zur Seite. So bleibt sie im ständigen Kontakt mit den anderen wachehaltenden Pferden.
Plötzlich knackt ein Zweig im Wald. Die Stute richtet sofort ihre gesamte Aufmerksamkeit in Richtung des Geräuschs. Ihre Ohren bleiben nach vorn gespitzt. Ihr rechtes Hinterbein ruht nicht mehr auf der Hufspitze. Die Stute hat es flach auf den Boden abgesetzt und belastet alle vier Beine gleichermaßen. Es knackt ein zweites Mal. Jetzt macht die Stute ein paar Schritte nach vorn. Auch ihre Freundin, die gut dreißig Meter entfernt steht, bewegt sich etwas. Danach wirken die beiden Stuten wie eingefroren, haben aber ihre gesamten Sinne in den Wald gerichtet. Es herrscht totale Stille. Auch ich bewege mich überhaupt nicht. Ja, ich traue mich, um die Stuten nicht abzulenken, nicht einmal zu atmen. Dabei ist mein Verhalten wohl übertrieben. Die anderen Pferde stehen die ganze Zeit genauso entspannt nebeneinander wie zuvor. Es vergeht eine weitere Minute, in der scheinbar nichts passiert. Dann heben alle Herdenhengste ihren Kopf etwas höher und werfen sich so quasi Blicke zu. Fast gleichzeitig drehen sich die Stuten um und lösen dadurch eine Flucht aus. Ansatzlos befinden sich jetzt alle Pferde im gestreckten Galopp.

DIE FORMATION DER HERDEN

Die Front bildet eine Linie aus ungefähr fünfzehn Pferden. Sie laufen alle auf einer Höhe direkt nebeneinander. Kurz hinter ihnen folgt eine fast identische zweite Reihe. Die Pferde der beiden ersten Reihen gehören alle zu einer Herde. Es ist die Herde des silbergrauen Hengstes. Dieser befindet sich anfangs noch in der Mitte der Gruppe, zieht aber Stück für Stück an allen Pferden vorbei und setzt sich an die Spitze des Herdenverbandes. Da zu seiner Herde drei weitere erwachsene Hengste gehören, ist die Spitze also gut mit potenziellen Beschützern bestückt.
In der Mitte befindet sich eine weitere große Herde. Ihr Hengst hält sich nicht am Rand, sondern genau in der Mitte seiner Gruppe auf, während die Seiten von Nachwuchshengsten geschützt werden.
Am hinteren Ende des Herdenverbandes befindet sich die Herde vom Leithengst der Gemeinschaft. Ihr Hengst ist das letzte Pferd von allen und sichert die Herde nach hinten ab. Sicherlich der gefährlichste Job von allen, denn er ist auch der Erste, der sich im Falle eines Angriffs von hinten umdrehen und zu kämpfen beginnen würde.

Solange er gemeinsam mit der Herde im Fluchtmodus ist, lenkt er diese unmerklich von seiner hinteren Stellung aus. Durch das Verändern seiner Position oder sogar nur durch den Wechsel seiner Stellung im Galopp beeinflusst er die Laufrichtung des gesamten Herdenverbands. Der Leithengst ist es meist auch, der den Fluchtmodus wieder beendet. Dabei schalten die Pferde langsam herunter und fallen zunächst in den Trab, bevor sie noch eine Weile im Schritt weitergehen und sich dabei wieder neu sortieren.
Dass Pferde bei einer Flucht 20 Kilometer oder mehr zurücklegen, ist keine Seltenheit. Wenn Pferde einmal im Fluchtmodus sind, können viele Stunden vergehen, bis sie sich wieder beruhigt haben.

Fluchtauslöser

Im Fernbereich setzen Pferde verstärkt ihre visuellen und akustischen Sinne ein und ergänzen diese im näheren Umkreis mit ihrem Geruchsinn sowie ihrer seismischen Wahrnehmung. Bei optischen Veränderungen in ihrem Umfeld zögern sie zunächst. Handelt es sich allerdings um schnelle oder direkt auf sie zukommende Bewegungen, fliehen sie sofort. Auch bei alltäglichen Geräuschen warten sie zunächst ab. Bei plötzlichen oder unnatürlichen Geräuschen, wie Gewehrschüssen oder Vibrationen im Boden durch andere fliehende Tiere, wechseln Pferde umgehend in den Fluchtmodus.

Jetzt greifen die Absprachen der Althengste. Jeder Hengst führt seine Herde an eine festgelegte Position im Herdenverband.

NIGHTLIFE

Die Herde steht auf einer großen freien Fläche und grast. Langsam verfärbt sich der Abendhimmel und die Sonne nähert sich unaufhaltsam dem Horizont. Ich möchte die Zeit anhalten, um die letzten Sonnenstrahlen festzuhalten. Aber es ist unausweichlich. Der Tag endet und die Nacht bricht an.

Das hört sich dramatisch an, und tatsächlich ist der Wechsel von Tag zu Nacht ein bedeutender Zeitpunkt für Pferde. Hier draußen knipst niemand eine Straßenbeleuchtung an. Nein, es wird wirklich dunkel. Für uns Menschen ist das ungewohnt, da wir doch normalerweise in einer hell erleuchteten Welt leben. Auch ich muss mich erst mal an die Dunkelheit gewöhnen. Meine Stirnlampe schalte ich möglichst nicht ein. Selbst das kleine Licht irritiert die Wildpferde. Die Pferde kommen dagegen mit der Umstellung auf die neue Sicht gut zurecht. Sie sehen in der Nacht besser als wir. Trotzdem beginnt für sie jetzt die gefährlichste Zeit. Die Jäger machen sich auf den Weg. Das wissen die Wildpferde instinktiv. Trotzdem werden sie später auch eine ausgedehnte Nachtruhe halten. Damit sie zumindest keine leichte Beute sind, wechseln sie vorher im Schutz der Dämmerung ihren Aufenthaltsort.

»Pferde wechseln zur Nachtruhe häufig ihren Standort. Nur wenn sie sich sicher fühlen, bleiben sie am selben Platz.«

STANDORTWECHSEL

Die Herde setzt sich in Bewegung. Bereits vor einer halben Stunde hatte der Althengst durch ein leises Wiehern den Aufbruch angekündigt. Aber erst jetzt geht er im ruhigen Schritt in Richtung Wald. Der Wald ist anders, als wir ihn aus den meisten Gegenden in Deutschland kennen. Die Bäume haben einen größeren Abstand zueinander. Dadurch ist der Wald lichter. Außerdem ist der Waldboden von Trampelpfaden durchzogen. Es ist offensichtlich: Die Pferde ziehen häufiger durch diesen Naturwald. Sie kennen jeden Winkel ihres Lebensraums ganz genau. Für sie ist der Weg von ihrem Fressplatz zum nächsten Ruheplatz, wie für uns der alltägliche Gang vom Wohnzimmer ins Schlafzimmer. Klar, wilde Pferd habe viele verschiedene Ess-, Wohn- und Schlafzimmer, aber selbstverständlich kennen sie sich in ihrem Zuhause genauso gut aus wie wir in unserem. Auch wenn wir einen Blick auf andere Tierarten, wie Primaten, werfen, entdecken wir, dass sie zwischen Fressplätzen und Schlafstellen wechseln. Tiere schlafen, wenn sie die Wahl haben, nicht gerne dort, wo sie tagsüber fressen und ihre Ausscheidungen hinterlassen haben. Ihre Duftmarken würden zu leicht ihren Aufenthaltsort verraten.

Nachts halten die Althengste gemeinsam mit ihren Nachwuchshengsten Wache. Unterstützt werden sie dabei von den Junggesellengruppen.

RUHE UND ORDNUNG

Die Pferde schieben sich, anders als bei der Flucht, fast lautlos durch den Wald. Dadurch, dass alle Pferde bereits ausgetretene Pfade benutzen, knackt nicht einmal ein kleiner Zweig. Es ist nichts zu hören, außer ein leichtes Atmen. Auch bleibt kein Pferd zwischendurch stehen, um rechts oder links vom Wegesrand mal etwas zu fressen. Nein, ruhig und gleichzeitig kontinuierlich geht es weiter. Für mich gehören die abendlichen Standortwechsel zu den schönsten Momenten bei wilden Pferden. Jetzt habe ich das Gefühl, so richtig dazuzugehören. Verstärkt wird dieses Gefühl noch, als mich der Althengst zusammen mit drei seiner Stuten auf einen anderen Pfad treibt. Mit gesenktem Kopf macht er uns sehr deutlich, dass wir auf dem falschen Weg unterwegs sind. Denn auch, wenn er beim Startzeitpunkt der Wanderung sehr tolerant war, jetzt besteht er darauf, dass der Weg, den er vorgibt, genau eingehalten wird. Wenig später kommen wir an unserem Nachtplatz an. Drei weitere Herden sind uns durch den Wald

gefolgt. Mit etwas Abstand zueinander verteilen sich die einzelnen Gruppen am Waldrand. Wobei die Pferde innerhalb einer Herde sehr dicht zusammenstehen. Einige Pferde fressen noch ein paar Happen, aber dann kehrt sehr schnell Ruhe ein und die ersten Pferde legen sich zum Schlafen hin. Es sind allerdings nur Stuten, Fohlen und Jungtiere, die jetzt schlafen. Die Althengste und auch die Nachwuchshengste bleiben stehen und halten Wache. Sie werden sich erst am nächsten Mittag hinlegen. Ihre Stuten bilden einen schützenden Kreis um sie, sodass auch die Hengste für ein paar Minuten Zeit zum Tiefschlaf erhalten. Jetzt sind aber alle anderen Tiere dran und für die nächsten drei Stunden herrscht vollkommene Ruhe.
Mitten in der Nacht, lange vor dem Sonnenaufgang, werden die Herdenmitglieder nach und nach wach. Anders als in unserem Schlafzimmer klingelt hier kein Wecker. Die Pferde lassen sich viel Zeit, um wach zu werden. Es dauert eine weitere volle Stunde, bis sich die Herden in Bewegung setzen und einige Stuten sie zum morgendlichen Fressplatz führen.

Nachtsicht

Grundsätzlich gibt es bei Tieren drei verschiedene Augenformen, die jeweils andere Seheigenschaften hervorbringen. Nur wenige große Säugetiere haben wie wir Menschen runde Pupillen. Die meisten Raubtiere verfügen über vertikale Sehschlitze, während Pflanzenfresser wie auch Pferde waagerechte Pupillen haben. Die unterschiedliche Form ist mitverantwortlich für ihr Sehvermögen in der Dunkelheit.

Wilde Pferde nehmen sich zum Aufwachen bis zu einer Stunde Zeit. Erst anschließend verlassen sie ihren Schlafplatz.

RANGORDNUNG
— *Wie sich Pferde organisieren*

Für Pferde ist es wichtig, dass jedes Herdenmitglied weiß, wie es sich in einer bestimmten Situation zu verhalten hat. Daher kann die Führung innerhalb einer Herde sehr schnell wechseln. Zwischen den Herden besteht dagegen eine feste Ordnung.

AUFGABENVERTEILUNG

Bei der Aufgabenverteilung innerhalb einer Herde spielt das Geschlecht die Hauptrolle. Ja, kaum zu glauben, aber Pferde sind alles andere als genderneutral. Am einfachsten ist das bei den erwachsenen Stuten zu sehen. Sie entscheiden, wo sie ihre Fohlen bekommen und wer sich während und nach der Geburt in der Nähe aufhalten darf.
Die Hauptaufgabe der Hengste ist es dagegen, für eine harmonische Gruppe zu sorgen. Sie entscheiden, wer in der Herde bleiben darf, wer gehen muss und auch, wie groß die Herde wird.

WEGBESTIMMUNG

Wechselt eine Herde ihr Weidegebiet, können wir dagegen schon fast von einer demokratischen Abstimmung sprechen. Häufig ist es so, dass ein oder mehrere Pferde durch ein leises Brummeln ihren Wunsch zum Weiterziehen äußern. Bis sich die Herde dann tatsächlich auf den Weg macht, kann es noch bis zu einer Stunde dauern. Ist die Herde dann in Bewegung, kann aber durchaus wieder ein anderes Tier den Weg bestimmen.

ORDNUNG

Innerhalb einer Herde sind nur sehr selten Gesten zu sehen, die den Anspruch auf persönlichen Freiraum geltend machen. Am ehesten können wir das beobachten, wenn sich Pferde zum Ruhen zusammenstellen. Dabei achten sie darauf, wer dicht neben ihnen steht, und zeigen Ablehnung durch deutliche Körpersprache. Eine ernsthafte körperliche Auseinandersetzung innerhalb einer Herde habe ich bei wild lebenden Pferden noch nie gesehen. Zwischen den Herden herrscht dagegen eine feste Ordnung. Diese wird ausschließlich von den Althengsten festgelegt und ist in der Regel über viele Jahre stabil.

Tagsüber legt der Althengst Schlafphasen ein, während seine Stuten um ihn herum Wache halten.

Eine klare Rangordnung gibt es nur zwischen Althengsten verschiedener Herden.

Freundschaften sind die Basis für Harmonie.

LUNCHTIME
— *Die Speisekarte der Pferde*

GRASLANDS

„Es grünt so grün, wenn Spaniens Blüten blühen!" Der berühmte Songtext aus „My Fair Lady" verrät uns das Geheimnis des Graslands in trockenen Gebieten. Es zeigt sich nur kurz grün, und zwar im Frühjahr, nachdem es geregnet hat und alles blüht. Für den Rest des Jahres dominieren blasse Gelbtöne.

Gras bedeckt große Gebiete unserer Erde, fast ein Fünftel der Landfläche. Kein Wunder, dass Gräser zu den Pionierpflanzen gehören. Gras gibt es bereits seit der Kreidezeit. Allerdings hat es sich erst nach dem Rückgang der Wälder stärker ausgebreitet. Das soll auch der Grund gewesen sein, warum die Vorfahren unserer Hauspferde ihre Nahrung von Blättern auf Gräser umgestellt haben und sich zu Steppentieren entwickelten. Das behauptet zumindest die Wissenschaft.

An dieser Stelle muss ich der gängigen Lehrmeinung widersprechen. Ja, Pferde fressen Gras. Aber Gras wächst nicht nur in der Steppe, sondern auch in Savannen, in halboffenen Landschaften und selbstverständlich auch im Wald.

Warum sollten das Urpferdchen oder seine Nachkommen ihren angestammten Lebensraum verlassen haben, um in trockenere Gebiete zu ziehen? Wäre es nicht viel wahrscheinlicher, dass sich Pferde unterschiedlich entwickelt haben? Plausibler ist es, dass Pferde sich, in den durch den Klimawandel trockener gewordenen Gebieten an steppenartige Nahrung anpassten und Pferde, die weiterhin in feuchteren Regionen lebten, sich unverändert von gröberen Pflanzen ernährten. Tatsache ist, das zum heutigen Zeitpunkt wild lebende Pferde in trockenen und in feuchten Gebieten leben und sehr gut damit zurechtkommen.

Daher ist die Aussage: „Pferde sind Steppentiere" nur die halbe Wahrheit. Die Verallgemeinerung:

Der Unterschied zwischen Kulturland und Pferdeland.

„Pferde sind Grasfresser", passt dagegen schon besser. Allerdings lassen solche Begriffe schnell vergessen, dass Gras nicht alles ist, was Pferde fressen, und dass leider die meisten Menschen das Wort Gras mit Rasen assoziieren.

Aber werfen wir ruhig zunächst einen Blick auf Grasland in einem trockenen Gebiet. Das Frühjahr in Bosnien ist längst vorbei und Niederschlag fällt jetzt höchstens in Verbindung mit kräftigen Wärmegewittern. Der seltene Regen sorgt lediglich dafür, dass die vereinzelten Bäume grün bleiben. Diese ziehen die Feuchtigkeit aus tieferen Bodenschichten. Das Gras ist dagegen trocken. Trotzdem ist es nicht kurz. Lange gelbbraune Halme wiegen sich im seichten Wind. Ich lasse meinen Arm fallen und streiche beim Gehen

Langes, trockenes Gras auf den Hochebenen Bosniens.

durch die Ähren. Auch die Pferde bewegen sich beim Fressen leicht fort. Den Kopf gesenkt, suchen sie mit ihren Mäulern die Gräser ab. Sie sind wählerisch. Zwar sortieren sie die Gräser nicht Halm für Halm, aber sie rupfen auch nicht unbedacht Pflanzen heraus. Ups, und dann doch. Das schon etwas größere Fohlen hat aus Versehen ein ganzes Büschel samt Wurzeln im Maul. Es schüttelt sich und spuckt es sofort wieder aus. Na ja, das kann ja mal passieren, wenn man noch ungeübt und der Untergrund dazu noch sehr porös ist. Der Boden ist in der Tat die wichtigste Grundlage für alle Gräser, was auch einer der Gründe ist, warum die Graslandschaften auf unserer Erde so unterschiedlich aussehen.

EINE KRÄUTERWIESE FÜR MEINE PFERDE

Ich erinnere mich an die ersten Versuche, für meine Pferde auf den Flächen unseres Hofes eine Kräuterwiese anzulegen. Schnell hatte ich die unterschiedlichsten Saatmischungen miteinander verglichen, und da ich nur das Beste für meine Pferde wollte, habe ich am Ende die teuerste Mischung genommen. Natürlich rein biologisch!
Zu meiner Enttäuschung war nicht viel von der Saat aufgegangen. Sicherlich lag das nicht an den Grassamen, sondern vielmehr am Boden, der nicht den Anforderungen der Aussaat entsprach. Das war teures Lehrgeld und fortan widmete ich den Zusammenhängen von Boden, Klima und Pflanzen mehr Aufmerksamkeit.

EIN BODEN – VIELE GRÄSER

Durch meine vielen Reisen in die unterschiedlichsten Gebiete unserer Erde bemerkte ich dann schnell, wie viele verschiedene Bodenarten es gibt. Und selbst in einem Gebiet wachsen sehr viele verschiedene Gräser. So auch in den trockenen Hochebenen Bosniens. Durch die einheitliche Farbe wirkt die Vegetation zwar eintönig, doch beim genaueren Hinsehen wird der Artenreichtum sichtbar.

WETTER UND KLIMA

Fast auf dem gleichen Breitengrad und in gleicher Höhe über dem Meeresspiegel finden die Garranos in den Bergen Portugals eine vollkommen andere Vegetation vor als die bosnischen Pferde. Das Klima ist gemäßigter, wodurch andere Pflanzen wachsen. Aber auch die Garranos ernähren sich von Gräsern. Anders als die Pferde in den steppenartigen Ebenen Bosniens müssen die Garranos mehr Mühe aufwenden, um an Gräser zu kommen. Das Gras wächst hier versteckt zwischen Farnen, Ginster, Heidekraut und

Wacholder neben den Granitfelsen. Zwar gibt es auch hier ebene Flächen, die sind allerdings seltener und viel kleiner. Dafür sind die Gräser saftiger.

IN ENGLAND

Die Exmoor-Ponys scheinen futtermäßig das beste Los gezogen zu haben. Ihr Lebensraum vereint die weiten Ebenen Bosniens und, ähnlich wie in Portugal, das durch den Golfstrom gemäßigte Klima. Dazu bietet der Boden durch die aufgeschobenen Kontinentalplatten unterschiedlichste Erdschichten, die wiederum eine Vielzahl an verschiedenen Pflanzen gedeihen lassen.

Süßes oder Saures

Süßgräser sind mit 12.000 Arten die häufigsten Gräser. Zu ihnen gehören auch wilde Formen wie Rispengräser und Schwingel. Aber auch Agrarpflanzen wie Mais, Gerste und Hafer gehören zu den Süßgräsern. Die höchste Grassorte ist mit bis zu 40 Metern der Bambus.
Neben den Süßgräsern gibt es auch saure Gräser. Sie wachsen vorwiegend in Mooren, Sümpfen und Uferzonen, aber auch in feuchten Wäldern und Felsspalten. Grassamen sind reich an Stärke und fetten Ölen, Blatt und Stängel hingegen enthalten viel Kieselsäure.

Dieser Konik lebt in einem Gebiet mit verschiedenen Böden und frisst in Ufernähe Schilfgras.

UMZUG

Oh nein, habe ich die Herde jetzt verloren? Das Gelände ist extrem unübersichtlich. Eine tiefe Schlucht mit hohem Gestrüpp liegt vor mir. Hohe Bäume versperren außerdem die Fernsicht. Sind die Pferde heute Nacht tatsächlich dort hineingegangen? Ich kann es kaum glauben, als ich nach einer Weile ein Pferd am Grund der Schlucht entdecke.

Ich kann mir nicht vorstellen, dass die Pferde lange dortbleiben, und warte erst einmal hier oben ab. Vielleicht kommt die Herde ja demnächst wieder hoch und ich spare mir einen Weg. Ja, meine Füße sind schon ein wenig müde.
Ein Blick auf meine App zeigt die Bewegungen der letzten Tage. Stramme 74,7 Kilometer bin ich hier draußen mit den Pferden gewandert. Dabei habe ich 375 Stockwerke überwunden, also ungefähr 1.000 Höhenmeter und das mit einem zärtlichen Marschgepäck von 25 Kilo. Ich fühle mich wie ein kleiner Held, als ich die Zahlen durchswipe. Aber unter uns, das hört sich beeindruckender an, als es wirklich ist. Denn bisher sind die Pferde in einem gemächlichen Tempo durch die Berge gezogen. Ja, tatsächlich ist das für Wildpferde wenig Bewegung. Sie scheinen sich sicher zu fühlen, und so machen sie auch nach einer Stunde keine Anstalten, die Schlucht wieder zu verlassen.

Eine Stute hält an einer übersichtlichen Position am Hang Wache, während die anderen Pferde in der Schlucht grasen.

AB IN DIE SCHLUCHT

»Wildpferde wechseln ihren Futterplatz nur, wenn eine Notwendigkeit dafür besteht.«

Es hilft nichts, ich steige zu ihnen hinunter. Der Hengst mustert mich kurz. Er ist etwas wachsamer als sonst. Erst, nachdem wir aus dem Dickicht raus sind, ist alles wieder wie immer. Es ist ein schöner Ort. Windgeschützt mit einer für diese Jahreszeit üppigen Vegetation.
Ein kleiner Bach liefert frisches Quellwasser und die Sonne scheint auf die umliegenden Felsen. Idyllisch, aber doch recht beengt für Pferde. Na gut, im Vergleich zu den Weiden und Paddocks meiner Pferde zu Hause ist das hier ein schier grenzenloses Paradies. Es interessiert mich, welche Fläche mir hier draußen klein und eng vorkommt, und so schaue ich nach meiner Rückkehr anhand der GPS-Daten meiner Kameras, wie groß diese Schlucht ist. Ich bin erstaunt. Die Schlucht misst an ihrer breitesten Stelle zwar nur 200 Meter, ist aber knapp einen Kilometer lang. So klein ist das gar nicht. Trotzdem fühlt sich das Areal von 20 Hektar für sieben Pferde an wie ein kleiner goldener Käfig.

Im Galopp kommt die Stute auf mich zu …

… um so schnell wie möglich durch die engen Stellen zu gelangen.

WACHSAME STUTEN

Als wir ein wenig weiter durch die Schlucht ziehen, klettern zwei Stuten die Hänge hoch und halten aufmerksam Wache. Der Rest der Herde tut sich derweil gütlich an den unterschiedlichsten Pflanzen und zwei Pferde erfrischen sich an dem kleinen Bach, als bei den Pferden fast zeitgleich etwas Bewegung aufkommt.
Eine Stute verlässt ihren Posten und klettert ein paar Meter nach unten, worauf der Hengst aufhört zu grasen und langsam in Richtung eines kleinen Waldes geht. Augenblicklich wird die Herde von der fast unmerklichen Aktivität der beiden Tiere in Aufbruchstimmung versetzt. Als Erstes läuft der Jährling, dicht gefolgt von seiner Mutter, zu seinem Vater. Sekunden später schließen alle anderen Stuten im Galopp auf.
Es folgt ein kurzer Sprint in den Wald. Dort sammelt sich die Herde und es wirkt wieder alles normal. Aber der Hengst will weiterziehen. Er wartet noch kurz, bis alle Pferde dicht zusammenstehen, und dann geht es im gestreckten Galopp zu einem engen Durchlass. Der Weg ist rechts und links von großen Granitfelsen begrenzt. Diese Stelle erinnert mich an zuhause. Dort haben wir für unsere Pferde einen Durchgang vom Paddock zu einer Weide, der ähnlich eng ist.

Engpässe

Wandern Pferde in ein anderes Weidegebiet, meiden sie nach Möglichkeit schmale Wege. Enge und unübersichtliche Stellen verursachen bei ihnen Stress. Wildpferde wissen nicht nur instinktiv, sondern auch aus Erfahrung, dass es sich dabei um Gefahrenstellen handelt. Raubtiere treiben auf der Jagd ihre Beute gezielt in solche Bereiche, um sie dort anzugreifen. Müssen Pferde auf einer Wanderung durch eine Risikozone, sammeln sie sich daher vorher und galoppieren durch den Engpass.

Und tatsächlich verhalten sich meine Pferde genauso wie die Wildpferde. Sie stoppen vorher und laufen dann im Trab oder Galopp durch diese Gefahrenzone. Was für mich hübsch aussieht, bedeutet für die Pferde Stress. Ich überlege, wie ich das ändern kann, wenn ich wieder zurück bin. Nun muss ich mich aber beeilen. Galoppierenden Pferden hinterherzulaufen ist kein Zuckerschlecken. Puh, ich bin an der engen Stelle angekommen. Ja, auch auf mich wirkt sie beklemmend, obwohl ich hier ja von niemandem etwas zu befürchten habe.
Die Pferde habe ich verloren. Ich gehe weiter, als ein Rauschen durch die Bäume fährt. Wind kommt auf, und es fängt wie aus heiterem Himmel an zu regnen. Sicherlich war es der Wetterumschwung, der die Pferde zum Standortwechsel bewegt hat. Ich laufe weiter und sehe wenig später den Hengst, wie er von einer Anhöhe zu mir hinunterschaut. Ich rede mir ein, dass er auf mich gewartet hat.
Wahrscheinlicher ist aber wohl, dass er meine Schritte gehört hat und seine Herde nach hinten absichert.
Wie auch immer. Als ich zu ihm hochkomme, fängt er an, sich ausgiebig zu wälzen. Seine Herde verteilt sich wieder zum Grasen und der Umzug aus der Schlucht auf die drei Kilometer entfernte Hochebene ist abgeschlossen. Gegen Abend zieht sich tatsächlich der Himmel zu und am nächsten Tag läutet ein Gewitter einen Wetterwechsel ein.

Wölfe greifen häufig an solchen unübersichtlichen Stellen an. Sie zu durchqueren verursacht bei Pferden Stress.

BED & BREAKFAST

Die letzte Nacht habe ich in einem B&B verbracht. Ich hatte ein kleines, enges, aber dennoch gemütliches Zimmer, und nach dem Aufstehen wollte mir ein freundlicher Brite ein typisch englisches Frühstück servieren. Ich lehnte dankend ab. Nee, Haferbrei, pochierte Eier oder gar Würstchen, das ist nun wirklich nichts für mich.

Ich machte mich also ohne Stärkung auf den Weg zu den Exmoor-Ponys. Zum Glück kam ich auf dem Weg noch an einer kleinen Bakery vorbei. Ein frisches Brötchen und – oh Freude, in England gibt es nicht nur Tee – einen schmackhaften Latte macchiato. Das entsprach schon eher meinen Gewohnheiten.

Leicht grinsend fragte ich mich, ob die Pferde in England wohl auch andere Frühstücksgewohnheiten haben als Pferde auf dem Festland.
Etwas amüsiert über meine kreativen Gedankengänge binde ich mir meine Wanderstiefel fest zu, während mir die Sonne direkt ins Gesicht scheint.

Obwohl Ginster als giftig gilt, essen ihn frei lebende Exmoor-Ponys das gesamte Jahr über in beträchtlichen Mengen.

Klar, ich bin gut drauf, als ich mich erneut auf die Suche nach den kleinen Urpferden mache. Vor mir liegt eine weitläufige Heidelandschaft. Ich bleibe erst mal stehen. Eben war ich noch in den engen Gassen eines kleinen Dorfes unterwegs, und jetzt diese Weite. Egal in welche Richtung ich mich drehe, überall liegt hügeliges Land vor mir. Mein Blick schweift bis zum Horizont und ich entdecke nur wenige Bäume. Ansonsten sehe ich nur bodennahen Bewuchs. Unweigerlich habe ich die Formulierung „Die Serengeti Europas“ im Kopf. Ja, meine Gedanken scheinen immer noch

In der Mitte des Moors befinden sich offene Flächen.

»Manche Pflanzen haben mehrere Funktionen. Sie dienen Pferden nicht nur als Nahrung.«

Der dichte Ginster ist ein idealer Windschutz. Außerdem sind seine stacheligen Zweige für andere Tiere undurchdringlich.

Der Exmoor-Nationalpark

Der Exmoor-Nationalpark liegt im Südwesten Englands. Er zählt mit seinen knapp 700 km² zu den wildesten der Insel und ist seit vielen Jahren die Heimat der vom Aussterben bedrohten Exmoor-Ponys. Sie leben frei in den Moorlands. Das sind Gebiete, die sich nicht zur Landwirtschaft eignen. Während in der Mitte des Nationalparks Grasmoor überwiegt, finden die Exmoor-Ponys in den Heidelandschaften der Atlantikküste vermehrt Büsche wie Heidekraut und Ginster. Stechginster wurde früher von den Farmern im Winter ähnlich wie Heu gefüttert.

etwas durcheinander zu sein. Tatsächlich ist es im Herzen des Exmoors aber so, wie ich mir ideales Pferdeland immer vorgestellt habe. Endlose Flächen, sanfte Hügel und eine vielfältige Vegetation. In unzähligen Farben erstrahlt der Boden. Sämtliche Grün- und Gelbtöne bis hin zum kräftigen Rot, die gesamte Farbpalette ist hier zu sehen.
Als ich losgehe, merke ich, dass hier nicht nur Gras wächst. Ich bahne mir einen Weg durch den hüfthohen Bewuchs. Konzentriert auf meine Schritte bemerke ich, wie sich der Widerstand der Pflanzen ständig verändert. Mal legen sie sich ganz weich um meine Beine und ein anderes Mal schlagen stachelige Zweige kleine Löcher in meine Hose.

Obwohl die Sicht heute gut ist, kann ich weit und breit kein Pferd entdecken. Nur ab und zu lasse ich mich von ein paar hohen Sträuchern täuschen. Ihre Höhe und auch die Rundungen leiten mich wiederholt in die Irre. Aus der Entfernung sehen sie den Exmoor-Ponys täuschend ähnlich. Ich wollte gerade meine Suche aufgeben, da sehe ich, wie sich ein Busch bewegt. „Bestimmt ist es nur Wind", denke ich und warte erst mal ab. Und dann, oh Wunder, der „Busch" läuft ein paar Meter weiter. Ja, es ist ein Exmoor-Pony, das sich bewegt hat und als ich näher komme, sehe ich noch ein paar mehr Mehlmäuler.
Dicht gedrängt stehen sie direkt hinter einem riesigen Stechginsterbusch. Das gelb blühende, stachelige Gewächs war es auch, das mir auf dem Hinweg ständig durch die Hose gestochen hat. „Autsch – wie kann man sich nur so dicht daneben stellen?" Ich schüttle meinen Kopf und bleibe mit etwas Abstand stehen, um die Exmoor-Ponys aus der Ferne zu beobachten. Zu meiner Enttäuschung fressen sie gar nicht, sondern dösen. Meine Neugier bezüglich ihrem Fressverhalten muss ich also noch etwas zügeln.

EINE STUNDE SPÄTER

Die kleine Herde beendet ihre Ruhephase. Viel Bewegung ist aber immer noch nicht zu sehen. Zwei Tiere drehen sich einfach nur um und beginnen an dem Busch direkt hinter ihnen zu fressen. Echt jetzt? Die Exmoor-Ponys fressen nicht das erste saftige grüne Gras des Jahres, sondern machen sich über den stacheligen und den bei uns als giftig geltenden Stechginster her?
Ich kann es kaum glauben, tatsächlich gibt es hier Parallelen zwischen den Menschen und den Tieren. Beide gehen direkt nach dem Schlafen zum Frühstück und essen merkwürdige Sachen. Jetzt muss ich wirklich lachen und mache mich auf, den Platz, an dem sich die Pferde aufhalten, genauer zu untersuchen. Diese lassen sich von mir überhaupt nicht stören.
In ihrer Nähe bemerke ich, wie clever sie diesen Ort ausgewählt haben. Der hohe Stechginsterbusch dient als perfekter Windschutz. Davor ist der gesamte Boden mit Heidekraut bewachsen. Das Heidekraut ist aber nicht abgefressen, sondern plattgelegen. Die Exmoor-Ponys nutzen es sozusagen als Federkernmatratze. Als ich mich probehalber hinlege, stelle ich fest, dass die elastischen holzigen Zweige eine kleine Luftschicht zwischen mir und dem Boden entstehen lassen. Es ist sehr angenehm, den nassen Untergrund nicht zu berühren.
Warum die Pferde aber den stacheligen Stechginster fressen, erfahre ich erst später: Er setzt Glückshormone frei und hebt damit die Laune der Pferde. Wie schön, dass ich eh so gut gelaunt bin und auf die berauschende Pflanze verzichten kann. Stattdessen knabbere ich an dem Rest meines Brötchens und genieße die Weite der Landschaft.

Heidekraut dient als Futter und isolierende Matratze.

WINTERWEIDE

Die Landschaft ist von einem zarten Weiß überzogen. Es herrscht eine friedliche, beinahe festliche Stimmung. Ich muss lachen, als ich ein Foto von der Herde mache. Die Pferde sehen aus wie Geschenke unterm Weihnachtsbaum. Und in der Tat, es ist ein Geschenk für uns alle, dass der Regen in Schnee übergegangen ist und die Sonne durchkommt.

Mit dem Einbruch der Kälte hat sich das Verhalten der Pferde geändert. Standen sie vorher beim Ruhen noch mit etwas Abstand zueinander, haben sie sich jetzt zu einem engen Pulk zusammengezogen. Dicht an dicht drücken sie sich in die kleine Vertiefung im Boden. Sie werden von hinten geschützt durch hohe Büsche und von den Seiten durch den üppigen Bewuchs der Hänge. Nur direkt von vorne kann ich alle Pferde sehen. Alle bis auf eines.

Eine Stute hält etwas abseits Wache. Sie steht leicht erhöht und ihr Fell ist trockener als das der anderen Pferde. Es ist ein Zeichen dafür, dass die Herde windgeschützt steht, während die wachhabende Stute neben der Sonne auch den leichten Ostwind abbekommt. Sie ist bestimmt von allen am glücklichsten über die Sonne.

Ich stehe auf der anderen Seite des Grabens und beobachte die Stute schon seit einer Stunde. Sie wirkt auf mich so, als ob sie jeden Moment eindösen würde, aber sobald irgendwo im Tal auch nur das kleinste Geräusch zu vernehmen ist, richtet sie ihre Ohren sofort neu aus.

Ihre Augen bleiben dagegen fast ununterbrochen halb geschlossen. Auch ich schließe meine Augen etwas und merke, wie angenehm es ist, da die Sonne doch ziemlich blendet. Automatisch konzentriere ich mich mehr auf mein Gehör. Durch den Schnee sind alle Geräusche gedämpft. Ich höre einen kleinen Bach plätschern und wie der Wind ab und zu etwas Schnee von den Tannen weht.

Plötzlich höre ich ein lautes Knirschen im Schnee und drehe mich sofort um. Es war nur eines der Pferde, das nach drei Stunden einen Schritt zur Seite gemacht hat. „Wie deutlich müssen diese Geräusche nur für die wachhabende Stute sein?", denke ich und verstehe, warum die Herde ihr vertraut.

Strategisch und warm positioniert hält die Stute Wache.

WINTERSCHLAF BEI PFERDEN

Die Pferde haben ihre Aktivität deutlich eingeschränkt. Die Ruhezeiten sind lang und die Fresszeiten etwas kürzer als sonst. Sie sparen Energie, genauso wie alle anderen Wildtiere im Winter. Gut, sie fallen nicht in einen Winterschlaf, aber es wird sehr deutlich, wie sehr sie im Rhythmus der Natur leben. Doch wie kommt ihr Verdauungsapparat mit den längeren Ruhephasen zurecht? Der Pferdedarm darf niemals leerlaufen, das würde zu schmerzhaften Koliken führen. Das Geheimnis liegt in der Vielfalt der Vegetation. Während unsere Hauspferde auf Weiden stehen, die einem Golfrasen gleichen, finden die Wildpferde jede Menge Büsche, Sträucher und Bäume.

Vor allem im Winter nutzen Pferde sehr gerne diese groben Pflanzen. Bei Pflanzenfressern kann man das sehr schön an der Abnutzung der Zähne sehen. So haben Tiere, die in steppenartigen Landschaften leben, ziemlich glatte Mahlzähne, während Pflanzenfresser, die in Wäldern leben, eher wellenartig abgenutzte Zähne haben.

GARRANOS UND EXMOOR-PONYS

An dem Fressverhalten im Winter können wir sehr schön die Parallelen zwischen den Exmoor-Ponys und den Garranos erkennen. Beide Urpferderassen verlängern ihre Ruhezeiten und fressen dafür im Winter vermehrt u. a. Stechginster. Voneinander abgeguckt haben sie das wohl kaum. Seit Tausenden von Jahren sind die Tiere voneinander getrennt. Für mich ein deutliches Indiz dafür, dass Pferde einen guten Instinkt für die Wahl ihrer Nahrung besitzen.

Im Winter spielt grobe Nahrung für die Pferde eine wichtige Rolle zur effizienten Energie- und Wärmegewinnung.

Gezielt sucht die Stute nach dem passenden Futter.

Heidekraut stärkt die Niere und reinigt das Blut.

Stechginster reguliert Durchblutung und Stoffwechsel.

»Jahreszeiten und Lebensräume beeinflussen das Verhalten von Pferden.«

KEIN GINSTER FÜR KONIKS

Die Koniks finden in ihrem Lebensraum keinen Stechginster. Aber auch sie ergänzen im Winter ihre Nahrung durch grobe Pflanzen. Neben Blättern von Buchen, fressen sie auch Zweige von Weiden und Haselnuss und nagen an Eichenrinden und Moosen. Außerdem fressen die Koniks im Winter auch grobes, vertrocknetes Gras, das schon fast an Heu erinnert. Auch sie schränken ihre Aktivität stark ein und stehen in den Ruhephasen dicht zusammen.

WINTER IN BOSNIEN

In Bosnien herrscht dagegen ein kontinentales Klima. Die Winter können sehr kalt und schneereich sein. Viele Pflanzen müssen daher von den Wildpferden zunächst mit den Hufen unter der Schneedecke freigelegt werden. Die Pferde finden dort weniger grobe Pflanzen, sondern überwiegend feine Gräser. Deshalb sind ihre Fressphasen entsprechend länger. Kommen sie an Bäumen und Sträuchern vorbei, fressen auch sie mit Begeisterung an Haselnuss, Tannen und Eichen.

VIELFALT DER PFLANZEN
— *Von der Wurzel bis zum Blatt*

Wilde Pferde wählen ihre Nahrung nicht nur nach der Pflanzenart aus, sondern unterscheiden auch zwischen den einzelnen Teilen einer Pflanze. So suchen sie je nach Jahreszeit entweder nach Stängeln, Zweigen, Rinde, Blättern oder Früchten. Instinktiv wissen sie, welche Inhaltsstoffe sie gerade brauchen.

GRUNDFUTTER

Das Grundfutter für wilde Pferde bildet Gras. Gras ist eine Pionierpflanze und daher fast überall zu finden. Durch Gras stellen viele Pflanzenfresser ihre Grundversorgung sicher. Allerdings unterscheidet sich das Gras, das wir in der Natur finden, sehr von Gräsern, die in der Landwirtschaft genutzt werden.

BEDARFSPFLANZEN

Bedarfsfutter ist Nahrung, die wilde Pferde selektiv auswählen. Der Grund kann auch darin liegen, dass die Vegetation dem Jahresrhythmus unterliegt. So tragen viele Pflanzen erst im Spätsommer Früchte. Außerdem ändert sich der Bedarf der Pferde über das Jahr. Sie suchen im Winter nach strukturreicher Nahrung, die länger im Verdauungstrakt verweilt, und im Frühjahr nach Rinden, die ihnen den Fellwechsel erleichtern.

HEILPFLANZEN

Selbst hochgiftige Pflanzen werden von Pferden gefressen. Sie wissen dabei genau, was sie tun. Haben sie Schmerzen oder leiden sie an Parasitenbefall, entfernen sich teilweise einzelne Tiere für kurze Zeit von der Herde. Sie fressen dann gezielt geringe Mengen von Blättern, Früchten oder Rinde, die sie normalerweise meiden.

01

02

03

01 Rinden und Laub decken zu jeder Jahreszeit den Bedarf nach Spurenelementen wie Zink, Mangan oder Eisen.

02 Der Jährling nutzt das Moos als Heilpflanze bei Fellproblemen und zur Regulierung der Darmflora.

03 Im Herbst gehören die vitaminreichen Früchte der Hagebutte zu den beliebten Bedarfsfutterpflanzen der Pferde.

GOOD HOMES

— *Ein Leben im Gleichgewicht*

DIE WIEGE DER PFERDE

Bei den Ursprungsrassen dominieren zwei Grundtypen. Der offensichtlichste Unterschied ist dabei die Fellfarbe. Die Koniks wie auch die Sorrias oder Przewalski-Pferde sind hell und zeigen deutliche Merkmale von Zebras. Die Exmoor-Ponys und Garranos sind dagegen dunkel und ihre Zeichnung erinnert eher an Rehwild.

Die Fellfarbe ist für Wildtiere sehr wichtig. Sie sorgt für Tarnung und ist daher optimal auf ihren Lebensraum abgestimmt. Außerdem ist die Färbung äußerst beständig. Veränderungen brauchen sehr viel Zeit. Andere Anpassungen gehen schneller.
So bekommen Pferde, die in kühlere Gebiete umgesiedelt werden, schnell längeres Winterfell oder Pferde, die in Feuchtgebiete umziehen, innerhalb weniger Jahre und Generationen breitere Hufe. Das Verhalten von Pferden ist wiederum genetisch ähnlich fest verankert wie ihre Farbe. Höchste Zeit, einen spannenden Vergleich zwischen den Urpferden zu starten.

WILDE GARRANOS

Dunkel sind sie, die Garranos. Nur ihre Nasenrücken schimmern orangefarben bis leicht rötlich. Vereinzelt vorkommende weiße Abzeichen sind wohl Spuren vom Kontakt mit Hauspferden. Rein weißes Fell kommt bei Wildtieren sonst nur in den Polarregionen vor. Kein Wunder, dass sie schwer zu finden sind. Stehen dunkle Pferde in dichten Wäldern oder im Schatten von mächtigen Bergen, sind sie von Weitem kaum zu sehen. Dazu sind die Garranos ausgesprochen leise. Akustische Signale geben sie nur sehr selten und nicht nur das, sie bewegen sich auch leise.

Versteckt zwischen Felsen und in Wäldern leben die Garranos seit Tausenden Jahren vollkommen wild in den Bergen Portugals.

Die Fellfarbe und die Zeichnung der Koniks deuten auf eine Herkunft aus einer offenen Grasregion hin.

Ihre kleinen harten Hufe setzen sie mit Bedacht auf den Boden zwischen die Steine. Selbst wenn man direkt danebensteht, ist das kaum hörbar. Nur wenn sie über große Felsen klettern, ist das Aufsetzen ihrer Hufe wahrzunehmen.

VIEL ABSTAND

Zu ihrem leisen Verhalten passt, dass die Herden größeren Abstand zueinander halten. In den ersten beiden Jahren, in denen ich ihnen durch den Peneda-Gerês Nationalpark gefolgt bin, konnte ich so gut wie keine Interaktionen zwischen den Herden beobachten. Ich vermutete schon, dass die Gruppen keinen sozialen Verbund eingehen. Erst als ich längere Zeit bei ihnen in den Bergen verbrachte, bekam ich eine Idee davon, wie sich die Garranos organisieren.

Erklären kann ich mir ihr Herdenverhalten vor allem durch ihren Lebensraum in Kombination mit der starken Präsenz der Wölfe. Zwischen den Felsen wäre eine kollektive Verteidigung gegen ein Wolfsrudel sicherlich sehr viel schwieriger als in einem ebenen und übersichtlichen Gelände. Sich verstecken und im Ernstfall zu fliehen, scheint für die Garranos die bessere Alternative zu sein. Allerdings kann ich mir bis heute kaum vorstellen, dass die Wölfe nicht genau wissen, wo sich welche Herde gerade aufhält. Denn auch wenn die Garranos schwer zu finden sind, so habe sogar ich als Mensch, im Vergleich zum Wolf als extrem schlechter Fährtenleser, doch nach ein paar Monaten Übung, die Pferde immer recht schnell gefunden. Was bleibt, ist die Tatsache, dass die Herden der wilden Garranos in den Bergen Nordportugals nicht so dicht zusammenleben wie Pferde an Orten mit großen Freiflächen.

GESELLIGE KONIKS

Die Koniks habe ich als besonders soziale Urpferderasse kennengelernt. Sie stehen nicht nur häufig eng zusammen, sondern bilden auch gerne große Gruppen. Ihr harmonisches Gesamterscheinungsbild lässt anfangs vermuten, dass sie auch über die Maße gutmütig sind.
Das stimmt so allerdings nicht immer. Zwar herrscht innerhalb einer Gruppe und auch häufig zwischen verschiedenen Herden eine unglaublich friedliche Atmosphäre, nähern sich aber Eindringlinge ihrer zusammengeschweißten Gemeinschaft, können sie äußerst unangenehm werden. So konnte ich des Öfteren beobachten, dass, wenn sich große Hunde einer Herde nähern, die Stuten eine enge Reihe bilden und frontal auf den Störenfried zugaloppieren. Nähert man sich ihnen als Mensch zurückhaltend und freundlich, schenken sie ihm kaum Beachtung.

BEAUTIFUL EXMOOR-PONYS

Natürlich ist immer das Pferd, das einem gerade gegenübersteht, das schönste. Aber die Exmoor-Ponys sind schon besonders hübsch. Möglicherweise liegt das an ihren typischen Rassemerkmalen. Die Mehlschnauzen und die hell umrahmten Augen lassen sie immer freundlich wirken. Dabei sind sie eher zurückhaltend. In den Küstengebieten des Moors, dort, wo im Sommer viele Urlauber unterwegs sind, haben die Ponys ihre Scheu vor dem Menschen längst verloren. In den einsameren Gebieten des Nationalparks verhalten sie sich dagegen noch sehr ursprünglich. Einige fliehen sogar sofort, wenn sie einen Menschen sehen.
Die meisten Exmoor-Ponys sind allerdings sehr neugierig und nähern sich vorsichtig dem Menschen. Kommen diese dann aber zu nah, laufen die Ponys weg und verweilen in sicherem Abstand. Das überwiegend weitläufige Gelände macht es fast unmöglich, sich den Tieren zu nähern, ohne dass man bereits von Weitem erkannt wird. Möglicherweise sind sie deshalb so entspannt. Ihre Wachsamkeit und auch ihr teils unabhängig wirkendes Sozialverhalten erinnert mich sehr an die Garranos in Portugal.

Nordtyp versus Südtyp

Wildpferde des Südtyps findet man in den trockenen Gebieten des Südens, während die Nordtypen aus dem feuchten Norden stammen. Die Unterschiede zeigen sich deutlich im Körperbau, Langhaar und der Fellbeschaffenheit. Ob das Pferd eher dunkel oder hell gefärbt ist, bestimmt der Bewuchs seines Lebensraums. Urpferde aus steppenartigen Lebensräumen sind eher hell, Pferde aus Regionen mit starkem Baumbewuchs eher dunkel.

Die dunklen Exmoors-Ponys lebten ursprünglich in Wäldern.

CHARAKTERKÖPFE

Alle Pferde haben die gleichen Grundbedürfnisse. Trotzdem sind nicht alle Pferde gleich. Jedes Tier hat seinen individuellen Charakter. Da sich wild lebende Pferde im Gleichgewicht befinden, bleiben ihre Charakterzüge unverfälscht. So beweist der silbergraue Hengst, wie tolerant Pferde in Freiheit sind.

Er ist ein mächtiger Hengst. Körperlich der wohl durchtrainierteste im gesamten Herdenverband, denn er ist ständig in Bewegung. Oft umkreist er seine Herde, wobei er bevorzugt im Schritt unterwegs ist. Seine Bewegungen wirken dabei leicht abgehakt, fast hölzern. Trotzdem ist der drahtige Kerl eine imposante Erscheinung. Aufgrund seiner Aktivität und ständigen Präsenz sticht er immer sofort ins Auge. Ich brauche nie lange, um ihn zwischen den anderen Pferden zu entdecken. Andere Hengste sind da weit unauffälliger. Die können schon mal rund wie eine tragende Stute aussehen und ohne ihren Kopf zu heben stundenlang mit ihrer Herde grasen. Das würde der Silbergraue niemals machen. Nur wenn seine Lieblingsstute in einer Ruhephase neben ihm steht, ist er wirklich entspannt. Dann legt er sich sogar auch mal zum Schlafen hin. Das macht er am liebsten mitten in seiner Herde.

Seine Herde ist groß, sehr groß. Bis zu vierzig Pferde gehören zu seiner Gruppe. Darunter befinden sich auch locker mal zehn Hengste, wobei maximal drei weitere erwachsen sind. Einer dieser Hengste hat dabei eine besonders enge Verbindung zum Silbergrauen. Die beiden stehen im ständigen Austausch und spielen sogar miteinander. Dabei toben sie nicht so wild und grob, wie Junghengste es untereinander tun. Ihre Spiele sind kürzer und nicht so körperlich. Es scheint ihnen eher darum zu gehen, ihre Zusammengehörigkeit zu festigen.

Der Zweithengst darf alles machen, was ein Hengst in der Natur so macht. Er darf Stuten decken, treibt die Herde zusammen und hat selbstverständlich Kontakt zu allen anderen Pferden in der Gruppe. Nur den Kontakt zu anderen Herden darf der Zweithengst nicht aufnehmen und er darf auch kein Pferd aus der Herde verjagen. Diese Aufgaben beansprucht der Althengst für sich. Allerdings habe ich in den acht Jahren, in denen ich ihn immer wieder besucht habe, nicht ein einziges Mal gesehen, dass der Silbergraue ein Pferd aus seiner Gruppe weggeschickt hat. Trotzdem variierte die Größe seiner Herde häufiger.

Charaktere in Balance

Wildpferde zeigen ihren Typ wesentlich klarer als Hauspferde. Dadurch, dass ihre Herden nicht wie bei Hauspferden durch den Menschen aus dem Gleichgewicht gebracht werden, trifft man krankhafte Verhaltenszustände in der Natur nicht an. Aggressive oder ängstliche Pferde sind immer auf schlechte Haltung oder falschen Umgang zurückzuführen. Für wild lebende Pferde finde ich die Einteilung in tolerant, neugierig, fürsorglich, beständig und vorsichtig am treffendsten. Natürlich können den einzelnen Typen noch weitere Eigenschaften zugesprochen werden, aber diese sind für die Herde am wichtigsten. Die einzelnen Persönlichkeiten erkennt man nicht nur am Verhalten, sondern auch am Körperbau.

Eine Herde besteht immer aus verschiedenen Pferdetypen. Nur so kann sie im Gleichgewicht bleiben.

KLARE STELLUNG

Sein Verhältnis zu anderen Herden ist eindeutig. Aktiv, wie der Silbergraue ist, nimmt er sehr häufig von selbst Kontakt zu anderen Althengsten auf. Dabei geht es nicht um Machtkämpfe, sondern eher um die Bestätigung des Status quo. Interessanterweise ordnet er sich mit seiner Herde im Gefüge des Herdenverbands einem anderen Hengst mit dessen Herde unter. Es scheint ihm sehr gelegen zu kommen, dass er in einer großen Gemeinschaft lebt, aber nicht für alles die Verantwortung tragen muss. Der Althengst, der dagegen mit seiner Herde den Verband anführt, muss unbedingt die Nummer eins sein.
Sein Leitsatz könnte lauten: „Chef sein ist meine Bestimmung. Logisch, dass alle Herden auf mein Kommando hören!"
Der Silbergraue ist dagegen äußerst tolerant. Es gibt nur wenige Dinge, auf die er besteht und die er dann auch mit aller Konsequenz durchsetzt. Meistens fragt er freundlich an und lässt den anderen Tieren viel Freiraum für ihre Aktionen.

BESONDERE SITUATIONEN

Besonders in außergewöhnlichen Situationen zeigt er große Toleranz. Wieder einmal steht er etwas abseits seiner Herde. Diese bleibt dicht zusammen, während eine andere Herde in unmittelbarer Nähe grast. Einem kleinen Hengstfohlen aus der fremden Herde wird langweilig und es macht sich auf den Weg zum silbergrauen Althengst.
Der Vater des Fohlens hat den Ausflug viel zu spät bemerkt und so kann er den Kontakt zwischen seinem zwei Wochen alten Sohn und dem mächtigen Hengst nicht mehr verhindern. Kein ungefährlicher Ausflug. Aber es ist zu spät.
Der kleine Hengst nimmt neugierig Kontakt auf. Er streckt seine Nase vorsichtig zum Alten. Dieser wirkt ein klein wenig überrascht, aber erwidert die Geste des kleinen Manns. Beide stehen nun für zwei Minuten ganz still voreinander und berühren sich mit den Nasen. Als der Vater des Fohlens in die Nähe kommt, wendet der neugierige Nachwuchs sich so-

Beständig: Der Leithengst vom Herdenverband.

Die Halshaltung des Hengstes signalisiert Freundlichkeit.

Bei aller Toleranz: Unterschreiten fremde Hengste die Distanz zu seiner Herde, droht er umgehend mit körperlichen Konsequenzen.

fort ab und begibt sich auf dem Rückweg zu seiner Herde. Die Althengste treten nicht weiter in Kontakt und ziehen kurz darauf ihrer Wege.

KONTAKTAUFNAHME

Mit dermaßen toleranten und selbstsicheren Hengsten Kontakt aufzunehmen ist leicht. Sie zeigen klar und deutlich, was sie wollen und in welcher Stimmung sie sich befinden. Kommt man ihnen mal aus Versehen zu nah oder nervt sie, machen sie das durch eine eindeutige Geste verständlich. Kurz darauf ist alles wieder vergessen und sie tragen einem kleine Ausrutscher im sozialen Miteinander nicht nach. Ich glaube, von dem Silbergrauen habe ich in all den Jahren am meisten gelernt. Als Mensch würde ich sagen: „Nicht jedes Wort gleich auf die Goldwaage legen“, und: „Immer cool bleiben, solange die grobe Richtung stimmt.“ Allerdings vergesse ich auch nicht, mit welchem bedingungslosen Einsatz er sich Tag für Tag vor seine Herde stellt und sich auch nicht scheut, seine Überlegenheit im Zweifel deutlich zu machen. Würde man ein Pferd mit diesen für die Herde so wertvollen Eigenschaften in beengten Verhältnissen ohne ständigen Kontakt zu seinen Artgenossen halten, würde es schnell aus dem Gleichgewicht geraten und aggressiv werden. Passt das Umfeld für ihn, ist er dagegen ein Kumpel, mit dem man durch dick und dünn gehen kann.

»Es gibt keinen schlechten Charakter. Jeder Typ hat eine wichtige Funktion für die Herde.«

Das Haytor gehört zu drei gigantischen Granitaufwürfen inmitten des Dartmoor Nationalparks und ist ein besonderer Kraftort.

AFTERNOON AT HAYTOR

Es ist vier Uhr am Nachmittag. Teatime im Dartmoor. Überall sind die Tearooms voll besetzt. Für die stilvollen Briten ist täglicher Tea and Cream selbstverständlich. In aller Ruhe nehmen sie das Heißgetränk zusammen mit einem Brötchen, bestrichen mit fast sahneartiger Butter und Marmelade zu sich. Auch wenn das sehr lecker ist, ich bleibe lieber im Moor.

Das mächtige Haytor ragt wie ein Monument in den Himmel. Fast andächtig gehe ich näher zu den Rocks und hocke mich auf den Boden. Das muss ich erst mal auf mich wirken lassen. Die tiefe Sonne zaubert ein warmes Licht auf den berühmten Felsen. Ja, der Herbst ist besonders stimmungsvoll. Ich versinke in Gedanken. Dabei lassen mich die Traditionen der Engländer nicht los.

„Eigentlich sehr klug, ein paar Fixpunkte am Tag zu haben", denke ich. In letzter Zeit hatte ich mich immer dagegen gesträubt, Routine aufkommen zu lassen. Ich wollte kein langweiliges Leben führen. Auf der anderen Seite laufe ich seit Jahren Pferden hinterher, um ihnen meist beim Grasen oder Ruhen zuzusehen. Wahrscheinlich finden das die Engländer, die sich gerade im Tearoom angeregt unterhalten, extrem langweilig. Nun, im Moment ist mir in der Tat etwas langweilig. Zwar strahlt das Haytor eine gewaltige Energie aus, aber ohne Pferde fehlt einfach etwas. Scheinbar kommt es wohl vor allem darauf an, dass man seine Zeit mit dem verbringt, was einem Spaß macht oder was sich gut anfühlt. Vielleicht ist

»Aktive und passive Phasen wechseln sich über den Tag ab. Die Übergänge sind dabei fließend.«

das der Grund, warum wilde Pferde so einen zufriedenen Eindruck machen, wenn ihr Tag ruhig und geregelt verläuft. Ich schaue in meine Notizen. Sicherlich sind sie von wissenschaftlichen Erhebungen weit entfernt, aber dennoch, mich interessiert, wie Pferde sich ihren Tag einteilen. Sie halten sich dabei stets an einen gewissen Rhythmus. Einen Rhythmus, den auch ich als sehr angenehm empfinde. Der Wechsel zwischen Ruhephasen und aktiven Zeiten tut sehr gut. Trotzdem unterscheiden sich sowohl die Ruhephasen als auch die Abschnitte, in denen sie fressen, voneinander.

RUHIG UND BESTÄNDIG

Ihre üppige Mähne pendelt bei jeden Schritt hin und her. Ruhig und gleichzeitig kontinuierlich kommt die Stute direkt auf mich zu. Mit ihrem dicken Bauch wirkt sie von vorne besonders opulent. Sie, genauso wie alle anderen Dartmoor-Ponys, befindet sich in einem guten Zustand. Nicht nur körperlich sind die Ponys in bester Verfassung, auch mental erwecken sie einen ausgeglichenen Eindruck.
Neben reichhaltigem Nahrungsangebot spielt sicherlich auch der für sie zur Verfügung stehende Platz eine wichtige Rolle. Die groben Berechnungen in meinem kleinen Notizheft ergeben 63 Hektar Fläche pro Dartmoor-Pony. Da wirken die Empfehlungen von einem Hektar pro Tier für unsere Hauspferde schon sehr zurückhaltend. Dabei gehen die meisten Überlegungen davon aus, dass das Pferd ein Lauftier

Diese Stute zeigt typische Merkmale des Nordpferds.

Die Stute scheint zu wissen, dass ihr Hengst gleich den Berg hochkommt.

Der Hengst ist das perfekte Gegenstück zu der Stute.

ist und daher viel Platz braucht oder dass die Flächen benötigt werden, damit Pferde ausreichend Futter finden. Das ist sicherlich auch alles richtig und vernünftig. Ein wichtiger Punkt wird dabei leider oft vergessen. Pferde brauchen genügend Platz, um ihren Rhythmus zu finden. Sie bewegen sich zum Fressen gern über große Flächen und finden sich später an anderen Orten zum Ruhen wieder zusammen. Hat eine Herde genug Raum zur freien Verfügung und wird in ihrem natürlichen Rhythmus nicht gestört, befinden sich die Tiere im Einklang mit ihrer inneren Uhr.

PLEASE, TAKE A SEAT

Fast spiegelgleich kommt aus der anderen Richtung ein weiteres Dartmoor-Pony. Es ist ein schicker Hengst. Er geht im gleichen Takt und Tempo wie die Stute. Genauso ruhig und beständig wie sie kommt er immer näher. Die beiden begegnen einander, als ob sie sich genau hier und genau zu diesem Zeitpunkt verabredet hätten. So ähnlich wie die Briten in ihren Tearooms.

Und dennoch, der Tagesrhythmus von Pferden ist nicht der gleiche wie der unsrige. Sie verbringen mehr Zeit mit der Nahrungsaufnahme und ruhen wesentlich öfter als wir. „Genau“, denke ich, „der Tagesablauf von Pferden ist fast so wie der von Menschen, die gerade Urlaub machen. Kein Wunder, dass mir das so gut gefällt!“ Bei frei lebenden Pferden wechseln sich aktive Phasen und Ruhezeiten ab. Ihre Längen sind über 24 Stunden gesehen in der Summe annähernd gleich. Und dennoch füllen diese Phasen nur 18 bis 19 Stunden des Tages aus. Das Vakuum von fünf bis sechs Stunden wird durch Übergangszeiten gefüllt. Das sind auch die Zeiten, in denen sich Pferde intensiv um soziale Kontakte innerhalb ihrer Herde kümmern.

ENERGIEVERLAUF ÜBER DEN TAG

Neben dem Wechselspiel der Aktivitäten verändert sich über den Tag auch die Energie der Pferde. Der ruhigsten Phase in der Nacht folgt am Morgen die aktivste Zeit des Tages. Die Pferde unternehmen ihre erste Wanderung und verteilen sich anschließend zum Fressen. In dieser Zeit finden nur wenig Interaktionen zwischen den Tieren statt. Danach folgt eine ausgiebige Ruhephase, die je nach Jahreszeit zwischen elf und zwolf Uhr beginnt. Dabei genießen die Tiere in den kühleren Monaten die hochstehende Sonne.
Um möglichst viel Wärme zu tanken, stellen sie sich im rechten Winkel zur Sonne auf und achten sogar darauf, dass sie nicht im Schatten eines anderen Pferdes stehen.
Am Nachmittag folgt erneut eine Fressphase, die dann, wie gerade jetzt, von einer gemütlichen Zeit, fast wie „Teatime", unterbrochen wird. Diese wird gegen Abend, häufig eingeleitet vom nächsten Standortwechsel, beendet. Vor Einbruch der Nacht finden dann oft noch einmal intensive Sozialkontakte statt, bevor sich die Herde zur Nachtruhe begibt.
Die Länge der einzelnen Phasen ist dabei stark vom Einfluss der Jahreszeit und vom Alter der einzelnen Tiere geprägt.

Energie und Kraftorte

Jedes Tier verfügt von Geburt an über ein begrenztes Maß an Energie. Diese verbraucht sich im Laufe seines Lebens. Wie schnell das geht und wie gut Tiere ihre Batterien wieder aufladen können, hängt von ihrem Umfeld ab. Dabei ziehen Pferde aus mehreren Quellen zusätzliche Kraft. Neben ihrer Herde ist ihr unmittelbarer Lebensraum ein wichtiges Kraftfeld. Außer energiereicher Nahrung spielt dabei ihre Umgebung eine wichtige Rolle. Industrieanlagen, Stromleitungen und auch Windräder zerstören diese natürlichen Quellen. Zum Glück gibt es noch ein paar Schutzgebiete, die davon verschont bleiben.

Soziale Kontakte finden bei wilden Pferden meist in den Übergangszeiten zwischen Ruhe- und Fressphasen statt.

Bäume und Büsche stehen das ganze Jahr auf der Speisekarte der Pferde. Gerade nach dem Winter sind ihre Knospen beliebt.

ENDLICH FRÜHJAHR

Helles Grün bricht zart durch das alte lange Gras vom Vorjahr. Aber nicht nur der Blick auf den Boden verrät, dass das Frühjahr und damit die erste Wachstumsphase des Jahres bevorsteht. Auch die Bäume und Sträucher zeigen wieder erste Anzeichen von Leben in ihren Trieben. Ja, die Natur erwacht langsam aus ihrer Winterruhe.

Der Ostwind peitscht noch kalt über die tiefe weite Ebene. Trotzdem, die ersten Fohlen sind bereits geboren. Und obwohl es noch ziemlich kalt ist, finden sie die besten Voraussetzungen für den Start ins Leben. Die Zeit, die direkt vor ihnen liegt, bringt Nahrung in Hülle und Fülle.

Ihren Müttern steht damit genug Energie bereit, um viel nahrhafte Milch zu produzieren. Trinken ist nach der Geburt neben Schlafen die Hauptbeschäftigung der Fohlen. Es ist daher nicht verwunderlich, dass die Stuten auf der Suche sind nach allem, was frisch und grün ist. Aber nicht nur die Stuten, auch die Herren der Schöpfung freuen sich über jede frische Abwechslung.

Die Sonne ist noch nicht aufgegangen, als sich in der ersten Morgendämmerung der Althengst etwas von seiner Herde absondert. Er wandert auf ein kleines Gebüsch zu. Es sind die einzigen Büsche, die ich hier weit und breit zwischen all den verschiedenen Gräsern entdecken kann. Ich folge ihm, um zu schauen, was

»Nicht alle Pflanzen werden zur gleichen Zeit grün.«

er dort Leckeres gefunden hat. Er knuspert genussvoll an den Zweigen. Es sind die ersten Fruchtstände, Knospen und frisches Blattgrün, über das er sich hermacht. Es dauert nicht lange, da folgt ihm ein Zweijähriger. Vom Rest der Herde bleibt das nicht unbemerkt. Plötzlich machen sich knapp 20 Pferde auf den Weg zu dem kleinen Strauch.
Ich denke: „Der arme Busch. Gerade ist er zu neuem Leben erwacht und schon wird er von den Pferden vernichtet." Aber weit gefehlt. Die Herde zieht schnurstracks an dem Strauch vorbei in Richtung eines kleinen Waldes. Dieser ist voll mit jungen Trieben. Ich spüre eine leichte Unruhe in der Herde. Freuen sich die Pferde etwa? Ja, ich denke schon. Woran könnte es sonst liegen, dass die morgendliche Ruhe unterbrochen wird?

Die Stuten drängen mit aller Macht in den Wald.

Hufrehe

Hufrehe ist eine gefürchtete und sehr schmerzhafte Erkrankung. Viele Pferdebesitzer haben daher vor allem im Frühjahr Sorge, ihre Tiere auf die Weide zu lassen. Auch meine liebe Prinny war anfällig für Hufrehe, als ich sie vor knapp dreißig Jahren gekauft habe. Sie hat trotzdem seit über zwanzig Jahren unbegrenzten Zugang zu Gras und Heu. Wichtig dabei sind die Auswahl der Futterpflanzen und das naturnahe Management der Weideflächen. Außerdem müssen die Pferde das gesamte Jahr über freien Weidegang haben. So können sie sich den jahreszeitlich bedingten Veränderungen der Inhaltsstoffe ständig anpassen.

Die Aufbruchsstimmung ist ansteckend. Auch die beiden anderen Herden aus der Nähe ziehen plötzlich in Richtung des Waldes. Der Eingang in die nahe Schonung ist eng und das Areal insgesamt recht unübersichtlich. Der Wald ist dazu am anderen Ende noch eine natürliche Sackgasse. Das Gestrüpp dort ist extrem dicht und selbst für Wildpferde nicht zu durchqueren. Das ist ein Problem für die Pferde. Für das leckere Grün müssen sie sich praktisch in eine Lebendfalle begeben. Den Hengsten gefällt das überhaupt nicht. Da die Stuten aber mit aller Macht in den Wald drängen, schaffen die Hengste es nicht, sie aufzuhalten. Alles, was ihnen übrig bleibt, ist dafür zu sorgen, dass sich die Herden nicht vermischen. Dafür ist trotz aller Freude über den kulinarischen Ausflug einiges an Disziplin gefragt.

Der Wald ist eine natürliche Sackgasse. Wären da nicht die leckeren jungen Triebe, würden die Pferde diesen Bereich meiden.

Frühstück im Frühjahr. Junge Zweige bieten eine Mischung aus energievoller und strukturreicher Nahrung.

Frisches Gras wächst nur vereinzelt. So können sich die Pferde nach dem Winter wieder langsam daran gewöhnen.

FUTTER AUF ENGEM RAUM

Mich erinnert die Situation an die Fütterung von Hauspferden in Offenställen. Heiß begehrtes Futter befindet sich auf engem Raum und die Pferde können sich kaum aus dem Weg gehen. In solchen Situationen fallen von Reitern dann schnell Begriffe wie Rangordnung oder Futterneid. Vorsichtshalber stelle ich mich daher so hin, dass ich einen großen Baum als Schutz im Rücken habe. Jetzt kann ich die Parallelen zu der von Pferdebesitzern so gefürchteten Futtersituation in der Natur gefahrlos beobachten. Doch schnell bemerke ich, dass ich hier wieder einmal nichts zu befürchten habe. In aller Ruhe knabbern die Stuten, Dreijährige, Zweijährige und sogar Fohlen an den jungen Trieben. Nur die Althengste, die fressen fast gar nichts. Sie sorgen dafür, dass ihre Herden in Ruhe fressen können. In solchen Situationen wird wieder einmal deutlich, wie wichtig eine harmonische Herdenstruktur für Pferde ist.
Da gibt es keine Auseinandersetzung, kein Gerangel und schon gar keine Beißereien. Dort, wo sich die Althengste hinstellen, befinden sich imaginäre Grenzen. Kein Pferd übertritt diese Linien, und so stehen die drei Herden dicht an dicht und doch getrennt voneinander im jungen Buchenwald.
Es sind nicht nur die frischen Buchentriebe, die die Pferde fressen. Auch das frische Gras ist beliebt, und wenn sie die Wahl haben zwischen jungem, frischen Gras und dem alten vertrockneten vom Vorjahr, wählen sie das neue Gras. Trotzdem be-

kommen die wilden Pferde keinen Schock durch das Nahrungsangebot. Durch die Temperaturen kommt die Natur nur zögerlich in Gange und die Tiere gewöhnen sich von Tag zu Tag mehr an die frische Kost. Außerdem ist ihr Speiseplan jetzt im Frühjahr, genauso wie im ganzen Rest des Jahres, sehr vielfältig. Verschiedene Gräser, Knospen, Blätter, Zweige und vereinzelt sogar Wurzeln bieten ihnen ein breites Spektrum an Inhaltsstoffen und durch die Mischung von feinen und faserreichen Strukturen kann sich ihre Verdauung sukzessiv an die energiereiche Kost anpassen. Zivilisationskrankheiten wie fütterungsbedingte Hufrehe habe ich glücklicherweise bei wild lebenden Pferden noch nicht gesehen.
Die Pferde fressen jetzt annähernd eine halbe Stunde an den jungen Trieben, als es wieder unruhiger wird. Die erste Herde verlässt den Wald und kurz darauf folgen die anderen beiden Gruppen. Die Grundstimmung ist etwas angespannt, aber die Herden gehen geordnet hintereinander zurück auf die große Niederung. Dort verteilen sie sich sofort großflächig.
Als die Sonne aufgeht, haben sich alle Pferde längst wieder beruhigt und grasen mit großem Abstand zueinander. Der junge Buchenwald hat den Einmarsch der Koniks gut verkraftet, und so wird in ein paar Jahren aus dem einen oder anderen jungen Bäumchen bestimmt eine stattliche Buche werden.

»Es macht mich sehr traurig, dass es das Wort ›Anweiden‹ überhaupt gibt.«

Der Rückzug aus dem Wald erfolgt geordnet. Herde für Herde macht sich im Schritt wieder auf den Weg zur großen Ebene.

Die junge Mutterstute ist traurig. Ihr Fohlen brüllt vor Hunger, aber sie hat keine Milch.

WENN PFERDE WEINEN

Ein lauter Schrei hallt über die weite Ebene. Das neugeborene Fohlen hat Hunger, aber seine Mutter keine Milch. Die Natur kennt keine Gnade. Das Ende des jungen Lebens ist bereits besiegelt, denn ohne Muttermilch wird es keine zwei Tage überleben. Es stellen sich nur noch die Fragen: Wie wird sich die Herde verhalten und wie wird das Fohlen sterben?

Die Mutterstute ist machtlos. Zu gerne würde sie ihrem Kleinen helfen. Immer wieder kommt es zu ihr gelaufen. Liebevoll reibt sie ihren Kopf an ihm. Aber das Fohlen sucht keine Zuneigung. Es hat einfach nur Hunger und brüllt erneut.

Alle Pferde in der Umgebung haben die außergewöhnliche Situation längst erkannt. Die allgemeine Unruhe wird immer größer. Dadurch vermischen sich in den Randbereichen bereits die Pferde aus zwei Herden und die Lage wird zunehmend unübersichtlich. Das Kleine irrt immer mehr umher und verliert bald darauf den Kontakt zu seiner Mutter. Verzweifelt geht es von Pferd zu Pferd. Seine Mutter sieht wieder und wieder zu ihm hinüber. Sie verliert ihr Fohlen nicht aus den Augen. Das Kleine ignoriert aber ihre Rufe. Viele Male versucht die Mutterstute den Kontakt zu ihrem Fohlen wiederherzustellen. Selbst als es mitten in eine fremde Herde steuert, geht sie hinterher, bis der Althengst dieser Herde sie stoppt. Auch dem Fohlen macht er deutlich, dass es in seiner Herde nicht willkommen ist. Der Althengst zieht eine klare Linie und fordert das Fohlen wiederholt auf, diese einzuhalten.

Doch das kleine Fohlen rennt weiter und nähert sich einer älteren Stute, die bereits ein neugeborenes Fohlen bei sich hat. Ihr eigenes Fohlen ist gerade am Saufen, als sich der kleine Wurm auf die andere Seite stellt und sofort anfängt zu trinken. Die Stute akzeptiert das ohne jedes Zögern. Die übrigen Stuten, wohlgemerkt allesamt Tiere aus einer fremden Herde, bilden unverzüglich ein Schutzschild um die Stute mit den nun zwei Fohlen. Der Althengst dreht daraufhin ab und geht. Er mischt sich nicht weiter in die Situation ein und lässt seine Stuten gewähren.

Mehrere fremde Stuten lassen das hungrige Fohlen ohne zu zögern mitsaufen und helfen ihm sogar dabei, das Euter zu finden.

Für einen Moment schöpfe ich Hoffnung und bin zutiefst gerührt. Nicht nur, dass eine andere Altstute dem hilflosen Fohlen zur Seite steht, es ist sogar eine Stute aus einer fremden Herde. Ich bin überrascht und gleichzeitig überwältig von dem Sozialverhalten der Tiere. Es beweist sehr eindrucksvoll, dass für Pferde eben nicht nur die eigene Herde zählt, sondern alle Pferde aus der Gemeinschaft.

GROSSE HILFSBEREITSCHAFT

Sicherlich hätte die Altstute beide Fohlen durchbekommen. Und auch noch weitere Stuten signalisieren immer wieder die Bereitschaft, das Neugeborene mittrinken zu lassen. Aber das Kleine geht immer wieder weg. Nachdem das Fohlen jetzt fast zu jedem Pferd aus beiden Herden direkten Kontakt hatte, hat die Mutter aufgehört, nach ihm zu rufen.

Wenig später verlässt das Fohlen von selbst die Herde. Erst jetzt bemerkt mich das Fohlen. Ich knie im Gras und es sucht auch bei mir nach Milch. Ein letzter Hilferuf? Nach ein paar Minuten geht das Fohlen auch von mir weg und begibt sich zum Sterben unter den Baum, unter dem es geboren wurde. Natürlich hatte ich schon längst einen befreundeten Tierarzt angerufen. Obwohl er wenig später vor Ort war, konnte das Fohlen nicht mehr gerettet werden. Leider schließt sich manchmal der Kreis des Lebens schneller, als es uns lieb ist. Bei fast jeder Drehreise zu wilden Pferden werde ich mit dem Tod konfrontiert. Wenn ich eine Situation so früh und eindeutig erkenne, wie in dem Fall dieses Fohlens, und die Möglichkeit besteht, Hilfe zu holen, dann mache ich das auch. Allerdings führt es in den wenigsten Fällen zum Erfolg. Ich weiß, dass viele Leute sagen, wir Menschen dürfen nicht in den Lauf der Natur eingreifen. Allerdings greifen wir Menschen ja in unzähligen Fällen

Ohne die Bindung zur Mutter erkennt das Fohlen die Herde nicht als Familie und geht.

in die Natur ein. Indem wir Straßen bauen, auf denen Tausende Tiere zu Tode kommen, oder Müll achtlos liegen lassen, in dem Tiere sich verfangen. Meist bringen wir unbewusst großes Leid über viele Tiere. Ich finde, wenn wir dann mal helfen können, dann sollten wir es auch tun, und wir können uns an der Hilfsbereitschaft der Pferde ein Beispiel nehmen.

»Lieber einen Tag in Freiheit als ein Leben hinter Gittern.«

DER PREIS DER FREIHEIT

Pferde, die in einem natürlichen Umfeld leben, sind immer größeren Gefahren ausgeliefert als Pferde in gut behüteten Ställen. Auch bei meinem Knabstrupper Island Little Sunspot stand ich vor der Entscheidung, wie er sein Leben verbringen sollte. Leider war seine Sehkraft stark eingeschränkt. Trotzdem entschied ich mich dafür, ihn so natürlich wie möglich auf großen Weiden gemeinsam mit anderen Pferden zu halten. Leider wurde er nicht sehr alt. Eines Tages stürzte er und brach sich das Genick. Zum Glück war er laut Tierarzt auf der Stelle tot. So traurig ich auch heute noch, 25 Jahre später, darüber bin, ich würde ihm erneut diese Freiheit schenken. Denn heute erinnere ich mich vor allem daran, wie fröhlich und unbeschwert er mit unseren Stuten Prinny und Bessie über die Weiden galoppiert ist. Ich glaube, selbst ein kurzes Leben, in dem man Liebe und Freude erlebt, ist besser als ein langes unglückliches Leben.

Verlust und Trauer

Pferde durchlaufen ähnliche Phasen der Trauer wie Menschen. Zunächst müssen sie ihren Verlust realisieren. Das dauert meist 24 Stunden. Anschließend fallen sie für ungefähr eine Woche in eine starke Trauerphase. In dieser Zeit ist es nicht ungewöhnlich, dass sie kaum fressen. Bis sie ihren Verlust überwunden haben, kann bis zu einem Jahr vergehen. Je nach Enge der Bindung zwischen zwei Tieren können diese Phasen kürzer oder auch länger sein.

Das Fohlen hat zum Sterben seine Herde verlassen.

IN BALANCE
— *Im Einklang mit der Natur*

Die absolute Stärke der Natur ist ihre Komplexität. Außerdem ist in der Natur alles miteinander verbunden. Leider bleiben viele der kleinen Zusammenhänge von uns unbemerkt. Verändern wir Menschen das natürliche Umfeld, führt das häufig zur Störung des Gleichgewichts. Daher ist es wichtig, elementare Grundlagen möglichst natürlich zu belassen.

Der Lebensraum bildet den äußeren Rahmen für wilde Pferde. Er hat große Auswirkung auf ihr Wohlbefinden. Dabei spielt nicht nur das Nahrungsangebot eine wichtige Rolle, sondern auch Zonen, in denen sich die Pferde sicher fühlen. Ein natürliches Umfeld ermöglicht nicht nur Pferden ein ausgeglichenes Leben, sondern bietet auch anderen Tierarten wie Vögeln oder Amphibien ein Zuhause.

Pferde bewegen sich gleichzeitig in drei verschiedenen Zyklen. Die Tageszeit, die Jahreszeit und ihr Lebensalter bilden dabei eine Kombination, die starken Einfluss auf ihr Verhalten und ihre Bedürfnisse nimmt. Um ein ausgeglichenes Pferd zu haben, ist es unumgänglich, diese Einflüsse zu berücksichtigen.

Die Zusammensetzung der Herde ist für Pferde der wichtigste Faktor für ein Leben in Balance. Nur wenn sich die Tiere gegenseitig ergänzen, bilden sie eine harmonische Herde. Dabei stehen die Pferde nicht in einer linearen Rangfolge zueinander, sondern fördern oder zügeln sich je nach Typ, Situation und Alter.

Werden diese aufeinander abgestimmten Systeme vom Menschen gestört, geraten Pferde aus der Balance. Die Folge ist unnatürliches Verhalten. Pferde werden dann als schwierig, dominant, ängstlich oder aggressiv bezeichnet. Doch von Natur aus gibt es solche Problempferde nicht. Sie werden durch die Störung des Gleichgewichts dazu gemacht. In den meisten Fällen verschwinden diese Auffälligkeiten mit dem Wiederherstellen der natürlichen Balance automatisch.

Noch gibt es Orte, an denen sich die Natur im Gleichgewicht befindet.

Tiere sind von Natur aus im Einklang mit ihren Artgenossen.

Im Umfeld von Pferden ist auch Platz für andere Tiere.

IN TOUCH

Es gibt viele Orte, an denen Berührungspunkte zwischen wilden Pferden und Menschen entstehen. Leider schaffen wir es kaum, achtsam damit umzugehen. Nicht selten prallt die Zivilisation mit voller Wucht auf die Welt der wilden Pferde. Dabei wäre es so einfach, die wenigen Bedürfnisse von Wildtieren zu respektieren.

Ich laufe durch einen verwunschenen Wald. Die Steine sind von dichten Moosen überzogen und ein Bach schlängelt sich mühelos an mir vorbei, als vor mir ein paar Pferde und Rinder auftauchen. Ich bin auf dem Rückweg von den Wildpferden und nicht mehr weit vom nächsten Dorf entfernt.

Die Pferde, die hier grasen, sind halbwild. Sie haben Besitzer und laufen dennoch frei. Genauso wie die Rinder. Schnell hole ich meine Kamera heraus und mache ein paar Aufnahmen. Es dauert nicht lange und ein freundlicher Portugiese hat mich entdeckt. Auf mein gekonntes „Bom dia", antwortet er mit einem Wortschwall, aus dem ich einzig das Wort „lobo" herausfiltern kann. Schnell hat Arnaldo, wie der quirlige Mann heißt, bemerkt, dass ich fast gar kein Wort Portugiesisch sprechen kann.

Deutsch und Englisch sind dagegen bei ihm Fehlanzeige. „Okay, hablo español", pruste ich immer

Die Grenzen zwischen wild lebenden Pferden und Hauspferden verschwimmen, wenn auch Haustiere ohne Zäune gehalten werden.

noch leicht überrascht heraus. Aber Arnaldo winkt einfach, und ich verstehe auch ohne Worte, dass ich ihm folgen soll. Schnell kapiere ich, dass er Bauer ist und gerade nach seinen Rindern schauen will. Ich folge ihm und er zeigt mir stolz seine Rinderzucht. Bullen, Kühe und Kälber, alle laufen durcheinander. Als er ein paar Heuballen aufmacht, kommen immer mehr Rinder aus dem Wald. Arnaldo drängt zur Eile. Es wird langsam dunkel. Die Kälber sollen zusammen mit ihren Müttern in den Laufstall. Wieder fällt das Wort „lobo".

Lobo ist das portugiesische Wort für Wolf. Die Menschen hier am Rande des Peneda-Gerês Nationalparks leben seit jeher mit dem Raubtier. Sprechen sie von ihm, spürt man eine Mischung aus Angst und Stolz. So auch bei Arnaldo. Mit ausladenden Gesten macht er mir vor, wie vor ein paar Tagen ein großer Grauer eines seiner Rinder gerissen hat. Auf meine Frage, ob der Wolf auch die Pferde angreift, antwortet er: „Ja, klar. Das gehört hier einfach dazu. Auch der Wolf hat ein Recht darauf, hier zu leben. Trotzdem weine ich um jedes meiner Tiere", fügt er nach einer kleinen Pause hinzu. Arnaldo ist ein moderner Biobauer, der sich nicht nur um seine eigenen Tiere liebevoll kümmert, sondern auch die Natur und die Wildtiere respektiert.

Eine Einstellung, die eigentlich auf der ganzen Erde selbstverständlich sein sollte. Vielen Menschen fällt es leider sehr schwer zu akzeptieren, dass Leben ein ständiger Wechsel aus Nehmen und Geben ist.

Liegen Dörfer in Nationalparks, leben dort auch die Haustiere meist ökologischer.

STRASSENVERKEHR

Ein viel größeres Problem als der Wolf ist für wild lebende Pferde der Straßenverkehr. Vor allem bei Dunkelheit gehen Pferde gerne auf den von uns Menschen geschaffenen Wegen. Außerdem grasen sie häufig am Straßenrand. Dadurch, dass die Autos beim Fahren die Feuchtigkeit zur Seite katapultieren, ist dort die Vegetation oft üppiger und frischer.
Ältere Pferde stellen sich erstaunlicherweise gut auf den Verkehr ein. Hören sie ein sich näherndes Auto, machen sie ein paar Schritte zur Seite. Sind Autos allerdings zu schnell oder ist es neblig und die Fahrgeräusche dadurch gedämpft, kommt es auch mit erfahrenen Pferden zu Unfällen.
Fohlen und Jungtiere sind stärker gefährdet. Sie haben noch nicht gelernt, mit der ihnen unbekannten Gefahr umzugehen, und sind insgesamt auch unbedarfter und schreckhafter. Sie werden leider häufig Opfer von Verkehrsunfällen. Dieses traurige und unnötige Schicksal trifft nicht nur Wildpferde, sondern auch unzählige andere Wildtiere. Wir Menschen deklarieren das dann lapidar als Wildunfall. Für die Tiere verbergen sich dahinter allerdings echte Tragödien. Nicht nur, dass das angefahrene Tier leiden muss, auch weitere Tiere sind davon betroffen. Denn wird ein Elterntier verletzt oder getötet, bedeutet das in der Natur meist auch den qualvollen Tod für den Nachwuchs.
Allen Tieren würde es sehr helfen, wenn wir einfach etwas langsamer fahren würden. Macht es für uns wirklich einen so großen Unterschied, ob wir ein paar Minuten später ankommen? Wir könnten ja auch etwas früher losfahren und so in unser Leben genauso Übergangszeiten einbauen, wie wilde Pferde es tun, oder?

Das größte Problem für wild lebende Pferde ist der Straßenverkehr.

Elektrozäune sollen pferdegerechter als Stacheldraht sein.

ZÄUNE UND ANDERER MÜLL

Um Wildtiere vor dem Straßenverkehr zu schützen, werden in vielen Ländern Zäune aufgestellt. Auch viele Naturschutzgebiete, in denen Pferde ausgewildert wurden, sind eingezäunt. In erster Linie, um Pferde daran zu hindern, außerhalb des Gebiets herumzuziehen, aber auch um Menschen fernzuhalten. Das ist vor allem in der Nähe von dicht besiedelten Gebieten notwendig, und wenn die Reservate eine ausreichende Größe haben, bieten solche Projekte den halbwilden Pferden einen Lebensraum, der der echten Wildnis sehr nahekommt. Allerdings darf nicht vergessen werden, dass, wenn Tiere nicht weiterziehen können, der Mensch regulierend eingreifen muss, wenn die Population stark anwächst. Grundsätzlich stellen pferdegerechte Zäune nur selten ein Problem für Pferde dar. Selbst wilde Pferde kennen natürliche Grenzen. Tiefe Gräben, große Flüsse oder steile Felsen sind für Wildpferde vergleichbare Barrieren. Kaputte Zäune, kaum sichtbare Litzen oder ganz besonders Reste von Stacheldraht sind dagegen für alle Wildtiere eine tückische Falle. Ich kann an dieser Stelle den vielen Naturschützern, die in Massen Unrat und Zaunreste aus den Rückzugsgebieten von Wildtieren sammeln, gar nicht genug für ihr Engagement danken.

»Wenn wir Tiere lieben, müssen wir auch ihre Lebensräume schützen.«

PFERDE ALS HAUSTIERE *— Ein Leben voller Kompromisse*

Nicht nur für Pferde bringt das Leben in menschlicher Obhut Einschränkungen mit sich, sondern auch für viele Pferdebesitzer. Der Mangel an Land und auch skurrile Gesetze stellen Pferdefreunde vor Herausforderungen. Viele nehmen große Anstrengungen auf sich, um ihren Pferden trotzdem ein möglichst optimales Leben zu bieten.

01

IN DER GRUPPE

Die Haltung ist die Basis für ein gesundes Pferdeleben. Gruppenhaltung sollte selbstverständlich sein. Dabei spielt die Harmonie innerhalb der Gruppe eine wichtige Rolle. Sicherlich zählt die Zusammenstellung einer Herde zu den anspruchsvollsten Aufgaben und ist gerade bei begrenztem Platz entscheidend, um Stress zu vermeiden.
Gibt es Schwierigkeiten in einer Herde, können wir diese in mehrere Gruppen aufteilen und sie auf verschiedenen Weiden und Paddocks laufen lassen. Allerdings sollten die Gruppen untereinander Sichtkontakt haben.

FUTTER ZUR AUSWAHL

Die Auswahl des Futters können wir getrost unseren Pferden überlassen. Wir müssen lediglich dafür sorgen, dass unsere Pferde das ganze Jahr über Zugang zu ausreichend Nahrung haben. Pferde, denen rund um die Uhr eine vielfältige Auswahl an Pflanzen zur Verfügung steht, werden sich instinktiv mit den richtigen Mengen der benötigten Nahrung versorgen. Kompliziert wird es erst, wenn unsere Pferde auf zu kleinen Flächen leben und wir zufüttern müssen. Dann müssen wir Menschen quasi die Futtersuche für unsere Pferde übernehmen und die Bedürfnisse jedes einzelnen Tieres beachten.

LEBEN MIT PFERDEN

Zu einem artgerechten Umgang gehört der Respekt vor der Natur des Pferdes. Dazu müssen wir die für sie wichtigen Dinge wie ihren Charakter, ihr Alter, die Jahreszeiten und ihren natürlichen Tagesrhythmus berücksichtigen. Beachten wir das, bieten uns Pferde eine vertrauensvolle Partnerschaft an. Leider ist der Gedanke an perfekten Gehorsam immer noch in vielen Köpfen verankert. Ich wünschte mir stattdessen, dass wir unseren Pferden mehr zuhören und ihnen ein wenig mehr Freiraum schenken.

02

03

01 Neben Haltung und Umgang, die pferdegerecht sein müssen, sollte der Spaß mit unseren Pferden nicht zu kurz kommen.

02 Unsere Pferde bei der Mittagsruhe im Schatten der alten Buchen. In dieser Zeit störe ich sie nicht.

03 Neben verschiedenen Gräsern haben unsere Pferde auch ständigen Zugang zu Sträuchern und Bäumen.

SERVICE

NÜTZLICHE INFORMATIONEN

EXPEDITION PFERD

Die Idee meines Projekts Expedition Pferd ist, das Leben von Wildpferden in verschiedenen Ländern zu dokumentieren. Dafür reise ich um die Welt und erzähle in meinem Blog und Podcast sowie in Vorträgen und Filmen über meine Erlebnisse mit wild lebenden Pferden.

MASTERCLASS

Speziell für Pferdehalter und Reiter zeige und erkläre ich einmal pro Woche in meiner Masterclass natürliches Pferdeverhalten und gebe konkrete Tipps, wie diese Erkenntnisse zur Verbesserung von Haltung und Umgang mit unseren Hauspferden genutzt werden können. Dabei beschäftigen wir uns intensiv mit Themen aus den Bereichen Herdenverhalten und Charakteren, Kommunikation und Körpersprache sowie Haltung und Fütterung. Der Zugang zu meiner Masterclass erfolgt direkt über meine Website.

FOCUSED HORSE

Damit es für Pferde nicht zu einer stressigen Angelegenheit wird, fotografiert zu werden, braucht es viel Wissen über Pferde und Fotografie. Deshalb gebe ich im Seminar „Focused Horse" praktische Tipps zur natürlichen Pferdefotografie. Die Ausrüstung spielt dabei eine untergeordnete Rolle. In diesem Buch befinden sich Fotos der Kameras Canon 5D, Panasonic GH5, Sony A7 und A7r sowie Nikon D7200 und Z6. Die meisten Aufnahmen habe ich mit dem 70–200 mm Telezoom und sehr viel Geduld gemacht. Immer in dem Bestreben, jedes Pferd individuell und natürlich zu fotografieren.

HELP WILDIES

Es gibt mehrere Möglichkeiten, wild lebenden Pferden zu helfen. So kann man ganz einfach durch eine Patenschaft eines Wildpferdes in Bosnien die Arbeit der ehrenamtlichen Ranger vor Ort unterstützen.
Die Biologen Pedro und Anabela freuen sich, wenn man ihre Unterkunft und eine Tour im Peneda-Gerês Nationalpark in Portugal bucht und ihnen dadurch ermöglicht, ihre Wolfs- und Wildpferde-Forschung fortzuführen.
Pferdefreunde aus Deutschland und England haben die Option, wild lebende Pferde aus den lokalen Schutzgebieten zu adoptieren. Dabei liegt mir besonders am Herzen, dass Pferde nicht unnötig weit transportiert werden. Daher engagiere ich mich vor allem für die Koniks in Schleswig-Holstein und helfe, sooft ich kann, vor Ort mit. Ein Wildpferd zu adoptieren, sollte gut überlegt sein. Passen die Voraussetzungen, ist es für Pferd und Mensch eine gute Sache. Durch die Übernahme eines wild lebenden Pferdes hilft man, die Populationen in einer für das Schutzgebiet vertretbaren Größe zu halten, und ermöglicht damit den Herden, dort weiter naturnah zu leben.

Aktuelle Infos sowie alle Links und Kontakte befinden sich auf meiner Website.

Marc Lubetzki
Kiwitt 3, D-23823 Seedorf
info@marc-lubetzki.de
www.marc-lubetzki.de

Herzliche Grüße, Marc Lubetzki

ZUM WEITERLESEN

Beiser, Rudi: **Unsere essbaren Wildpflanzen.** Bestimmen, sammeln, zubereiten; KOSMOS 2018
Auf der Wiese, hinter dem Haus und im Wald wachsen überraschend viele Pflanzen, die unseren Speiseplan bereichern. Kräuterexperte Rudi Beiser zeigt, wie man essbare Wildpflanzen findet und sicher bestimmt. Über 600 Fotos und Zeichnungen sowie ausführliche Beschreibungen informieren über alle wichtigen Merkmale. Wo Verwechslungsgefahr mit ungenießbaren Arten besteht, werden die Doppelgänger direkt gegenübergestellt. Der Rezeptteil bietet zahlreiche Anregungen für wunderbare Salate, Suppen oder Nachspeisen und zum nährstoffschonenden Konservieren der wilden Köstlichkeiten.

Bloch, Günther/Radinger, Elli H.: **Der Wolf kehrt zurück.** Mensch und Wolf in Koexistenz; KOSMOS 2017
Der Wolf ist nach Deutschland zurückgekehrt und die Begeisterung darüber ist ebenso groß wie die Unsicherheit. Was wissen wir über dieses Lebewesen? Wie verhalten wir uns, falls uns Wölfe begegnen? Wie können wir lernen, angst- und vorurteilsfrei mit ihnen zu leben? Wie können Nutztierhalter ihre Schafe, Rinder und Pferde schützen? All diese Fragen beantworten die Autoren in diesem Buch wissenschaftlich fundiert und basierend auf eigenen Erfahrungen und Tausenden direkten Begegnungen mit wild lebenden Wölfen. Dazu praxiserprobte Tipps und Verhaltensregeln für das Leben im Wolfsgebiet. Mit einem Vorwort von Ethologin und Fachtierärztin für Verhaltenskunde, Dr. Dorit Urd Feddersen-Petersen.

Dreyer, Eva-Maria: **Welche Beeren und Wildkräuter sind das?** 130 essbare Pflanzen und Beeren einfach bestimmen; KOSMOS 2019
Der praktische und kompetente Naturführer für unterwegs – empfohlen vom NABU – macht das sichere Erkennen der 130 bekanntesten heimischen Wildpflanzen und Beeren leicht. Mit dem bewährten KOSMOS-Farbcode.

Kanitz, Kathia: **Reiten bewegt das Pferd.** Pferde freundlich und gymnastizierend reiten; KOSMOS 2017
Gesundes Reiten ist ein wichtiges Thema für Pferd und Reiter. Reitlehrerin Kathia Kanitz zeigt, wie sich der gute Vorsatz in der Praxis umsetzen lässt. Anhand vieler Abbildungen und für jeden verständlich erklärt sie wichtige biomechanische Zusammenhänge beim Reiten. Zudem nimmt sie die Ausrüstung unter die Lupe, denn diese ist häufig die unerkannte Ursache für Rittigkeitsprobleme. Originelle Selbsttests und praktische Übungsvorschläge untermauern und festigen das theoretische Wissen.

Konnerth, Tania: **10 Wege zu meinem Pferd.** Wie Mensch und Pferd glücklich zueinander finden; KOSMOS 2018
Tania Konnerth stellt die zehn Grundprinzipien vor, die für ein glückliches Miteinander von Mensch und Pferd unerlässlich sind – von Respekt und Verstehen bis zu Führung und Freude. Sie argumentiert nicht mit erhobenem Zeigefinger, sondern einfühlsam und lebensnah, und hilft mit einfachen Übungen, die eigene Haltung dem Pferd gegenüber zu reflektieren und zu ändern. Das Buch bietet überraschende Denkanstöße für erfahrene Pferdemenschen genauso wie für Einsteiger. Auch als E-Book erhältlich.

Marlie, Wolfgang: **Pferde – wie von Zauberhand bewegt.** Edition WuWei bei KOSMOS 2016
Es muss kein Traum bleiben, Pferde wie von Zauberhand bewegen und reiten zu können. Wolfgang Marlie widmet sich seit Jahrzehnten der Frage, wie sich Mensch und Pferd näherkommen und eine gute Basis der Verständigung finden können, damit sich beide wohlfühlen. Auch als E-Book erhältlich.

Masterson, Jim, mit Reinhold, Stefanie: **Körperarbeit für Pferde.** Locker, entspannt, gelöst mit der Masterson-Methode; Edition WuWei bei KOSMOS 2018

Jim Masterson löst mit seiner Art der Körperarbeit und Massage tiefe Verspannungen beim Pferd und bringt es in einen ganzheitlich entspannten Zustand. In vielen Detailaufnahmen werden die einzelnen Handgriffe und speziellen Anwendungsgebiete gezeigt, sodass jeder Reiter sein Pferd individuell behandeln kann. So lockern sich körperliche und seelische Spannungen, und als zusätzlicher positiver Nebeneffekt vertieft sich die Beziehung des Menschen zu seinem Pferd.

Müller, Karin: **HippoSophia.** Warum Pferd und Mensch sich gut tun; KOSMOS 2016
Wer schon einmal in einem Pferdestall war und die friedliche Atmosphäre spüren konnte, weiß: Pferde und ihr Umfeld tun uns gut. Wir stärken und entwickeln uns durch die Pferde, doch wir können ihnen auch viel geben, sodass ein gegenseitiges Fördern und Wachsen entsteht. Wie der Stall ein Ort der Heilung werden kann und welche Rolle Mensch und Pferd dabei spielen, wird in diesem Buch erstmals tiefgehend beschrieben und wissenschaftlich belegt. Auch als E-Book erhältlich.

Okarma, Henryk/Herzog, Sven: **Handbuch Wolf.** KOSMOS 2019
Die Rückkehr der Wölfe in unsere Breiten bewegt die Menschen: Die Reaktionen reichen von Angst und Ablehnung bis zu Begeisterung und Idealisierung dieses Wildtiers. Prof. Henryk Okarma erforscht seit Jahren das Verhalten von Wölfen, die sich ihren Lebensraum mit Menschen teilen. Seine fundierte und detaillierte Darstellung beleuchtet das Thema aus den unterschiedlichsten Sichtweisen, beschreibt Probleme und Schwierigkeiten und entwickelt mögliche Lösungen. Ein hervorragendes Grundlagenwerk für alle, die sich objektiv eine Meinung zum Thema Wolf bilden möchten.

Rashid, Mark: **Jedes Pferd verdient eine Chance.** Wie schwierige Pferde zu guten Reitpferden werden; KOSMOS 2018
Nicht jedes Pferd hat das Glück, mit Geduld und sanfter Hand an ein Leben als Reittier gewöhnt zu werden. Viele Pferde erfahren schon in den ersten Lebensjahren Gewalt und werden dem Menschen gegenüber misstrauisch, manche sind sogar nahezu unreitbar. Mark Rashid zeigt einen Weg, mit diesen Pferden umzugehen, ihre Sichtweise zu verstehen und für jedes Tier ein individuell passendes Training zu entwickeln. Auch als E-Book erhältlich.

Vogt, Maksida: **Artgerechte Pferdefütterung.** Anweiden, Hufrehe, Parasiten, Zivilisationskrankheiten; Eigenverlag 2017
Die zunehmend diagnostizierten Zivilisationskrankheiten werden hier aus ganz neuen Blickwinkeln beleuchtet und Fallbeispiele über die Genesung von EMS und Hufrehe dargelegt. Außerdem zeigt die Autorin detailliert die Entwicklung der Pferde unter optimalen Lebensbedingungen und erklärt das Stallmanagement nach Academia Liberti.

Wendt, Marlitt: **Was fühlt das Reitpferd?** Signale richtig deuten, Partnerschaft verbessern; KOSMOS 2018
Jeder Reiter kennt das Gefühl: Irgendwie will mein Pferd nicht so wie ich. Aber was bedeuten die Signale und wie reagiert man richtig? Die bekannte Verhaltensbiologin Marlitt Wendt führt ein in die komplexe Ausdrucks- und Gefühlswelt des Pferdes und hilft, seine Reaktionen besser zu verstehen. Das Buch schafft die Grundlage für ein vertrauensvolles, stressfreies Miteinander und nimmt dem Reiter das unangenehme Gefühl, sein Pferd nur zu „benutzen".

Westcott, Dawn: **Wild Herd Whispering.** Halsgrove 2017
This book is an invaluable reference for people interested in better understanding and winning the trust and friendship of ponies. Wild Herd Whispering is a captivating series of real-life stories about the incredible Exmoor ponies – as they reveal their true natures through the world of herd energy and dynamics.

REGISTER

A
Althengst 16, 18
angeborenes Verhalten 65
Angreifer 73, 93
Annäherung 22
Aufgaben der Hengste 19
Aufgabenverteilung 100
Aufmerksamkeit 25
Ausschluss 74

B
Baden 38
Balance 146
Balkan 35ff
Bedarfspflanzen 120
Begrüßung 80ff
Beschwichtigungsverhalten 60
Beutetier 93
Beziehung 22
Blätter 120
Blickrichtung 22
Bodenarten 107
Bosnien 35ff
Boxenhaltung 33

C
Calming signals 60
Charaktere 128ff

D
Dialog 60

E
Eiche 120
Einladung in die Herde 19ff, 24ff
Energie 135
England 44ff
Engpass 110
erlerntes Verhalten 65
Eroberung 74
Erziehung 57ff
Etikette 22
Exmoor 28ff, 44ff
Exmoor-Nationalpark 114
Exterieur 35

F
Familie 20, 24ff
Fellfarben 124ff
Fellpflege 65
Fluchtauslöser 95
Fluchtrichtung 93
Fluchtverhalten 91ff
Fohlen 19ff, 49ff, 142ff
Fohlen, neugeborenes 50ff
Folgen 21
Formationen bilden 94
Freiheiten 57ff
Fressphase 80ff
Freundschaft 22, 70ff
frontale Annäherung 22
Früchte 120, 137
Frühjahr 136ff
Futterauswahl 152
Futterneid 140
Futterplatz 108ff

G
Garranos 9, 15ff
Gebäude 35
Geburt 48
Gefühlsäußerungen 60
Gelassenheit 21
Geltinger Birk 27
Gestik 17
Golfstrom 44
Gras 105ff
Grasfresser 105
Grevyzebra 28
Grundfutter 120
Grundtypen 124ff

H
Hauspferd 26, 62
Haustier Pferd 152
Heilpflanzen 120
Hengst 12
Hengste, solitäre 28ff
Hengstkontakte 77ff
Hengstrituale 77ff
Herbst 84ff
Herdenkontakte 83
Herdensystem 40
Herdenverhalten 126ff
Herdenwechsel 74
Herdenzusammenschluss 37
Hilfsbereitschaft 142ff
Hufe 89
Hufrehe 138

I
Instinktverhalten 65

J
Jährling 57ff, 62ff, 80ff
Junghengste 40

K
Klima 106
Knospen 137
Kommunikation 60
Kommunikation Mensch 59
Koniks 24ff
Kontaktfreude 70ff
Kontaktsuche 32
Körperhaltung 17
Kräuter 106

L
Lebensfreude 47
Lebensraum 74, 146, 148ff,
Leitstute 50
Lusitano 15

M
Meer 84ff
Menschen und Wildpferde 148ff
Mimik 17
Mittagsruhe 16ff
Moments of life 42ff
Müll 151

N
Nachtruhe 96ff
Nachtsicht 99
Nackenstoß 58
Nahrung 102ff
Nationalpark 9
Naturschutz 151
Naturschutzgebiet 27
neugeborenes Fohlen 50ff
Neugierde 84ff
Noor 84ff

O
Ohren 10
Ordnung 100
Orkan 45ff

P
Parasiten 30
Peneda-Gerês Nationalpark 9
Pferd, verwildertes 36
Pferdefarben 35
Pferdegruppen 37
Pflanzenfresser 9
Pflanzenvielfalt 120
Phase, aktive 134
Portugal 9, 15ff
Przewalski-Pferd 36

R
Rangordnung 100, 146
Regen 45ff
Respekt 82
Rhythmus 15
Rinde 120
Ritual 33
Ruhephase 16ff, 96ff, 134
Rundumblick 9

S
Sauergras 107
Schutzgebiete 148ff
Seitliche Annäherung 22
Sonnenaufgang 11
Sozialgemeinschaft 40
Sozialverhalten Hengste 28ff
Spiegeltechnik 17
Spielverhalten 70ff
Stechginster 115
Steppentier 105
Sterben 142ff
Straßenverkehr 150
Sturm 45ff
Stuten 16, 48
Stuten, tragende 48ff
Sumpfgras 24
Süßgras 107

T
Tagesrhythmus 132ff
Tastorgane 89
Tiefschlaf 99
Toleranz 130
Trauer 142ff, 145
Trennung von der Herde 65ff
Trinken 38
Trockengebiete 105

U
Überlegenheit 77ff
Urpferd 12, 28, 36

V
Vater und Sohn 62ff
Vegetarier 10
Verhaltensveränderungen 48ff, 65
Verlust 145
Versteckmöglichkeiten 93
Verteidigung 73
Vertrauen 17
verwildertes Pferd 36
Vollmond 54

W
Wachposten 39
Waldboden 12
Wälzen 39
Wanderung 12
Wasserloch 35ff
Watt 84ff
Wechsel der Herde 19ff
Weidefläche 152
Wildpferd 36, 149
Wind 45ff, 115
Winter 116ff
Winterfell 124ff
Winterschlaf 116ff
Wölfe 9, 10, 38, 126
Wolfsnarbe 37

Z
Zäune 151
Zebra 28
Zugrichtung 26
Zusammensetzung Herde 40
Zweithengst 128
Zyklen 146

Mit Pferdesprache — tiefes Vertrauen aufbauen

Endlich die Sprache der Pferde sprechen! Mit Sharon Wilsies bahnbrechender Methode wird dieser Wunsch vieler Reiter und Pferdehalter Wirklichkeit. Die Pferdeexpertin erklärt die Grundlagen der Kommunikation mit Pferden und zeigt, wie der Mensch die Körpersprache des Tiers verstehen lernt und seinerseits mit den richtigen körperlichen Signalen – nicht mit Worten – konkrete Wünsche und Botschaften übermittelt. Denn nur durch wahren Dialog entsteht echte Freundschaft und ein vertrauensvolles Miteinander von Pferd und Mensch.

216 Seiten

Sharon Wilsie stellt die Praxis des „Horse Speak" im Alltag vor. Anhand vieler authentischer Geschichten und Fallbeispiele demonstriert sie, wie die Pferdesprache im täglichen Umgang mit dem Pferd – am Boden oder im Sattel – richtig eingesetzt wird. Es wird deutlich, wie sich sogar zu aggressiven oder verunsicherten Pferden wieder eine vertrauensvolle Beziehung aufbauen lässt. Ein praktischer Ratgeber voller verblüffender Einsichten und erstaunlicher Möglichkeiten.

320 Seiten

kosmos.de

DANKSAGUNG

Ganz besonderen Dank gilt meinen Freundinnen Vanessa, Maike und Inka, die mich auf einigen Reisen für dieses Buch begleitet haben: Ihr habt nicht nur durch die Fotos, die ihr gemacht habt, einen wertvollen Beitrag zu diesem Buch geleistet, sondern mir auch durch eure Anwesenheit Ideen und Inspiration gegeben.

BILDNACHWEIS

Mit 13 Farbfotos von Vanessa Späth (Seiten 4, 6/7, 8/9, 10, 12, 16, 17 links, 80 und 147 oben) und 3 Farbfotos von Maike Klein (Seiten 5 links, 30 rechts und 153 oben links).
Alle weiteren Fotos von Marc Lubetzki.

IMPRESSUM

Umschlaggestaltung von Gramisci Editiorialdesign, Cornelia Sekulin, München, unter Verwendung von zwei Farbfotos von Marc Lubetzki (Vorderseite) und Inka Pahl (Rückseite).

Alle Angaben in diesem Buch sind sorgfältig erwogen und geprüft. Sorgfalt bei der Umsetzung ist jedoch geboten. Verlag und Autor übernehmen keinerlei Haftung für Personen-, Sach- oder Vermögensschäden, die im Zusammenhang mit der Anwendung und Umsetzung entstehen könnten.

Unser gesamtes lieferbares Programm und viele weitere Informationen zu unseren Büchern, Spielen, Experimentierkästen, Autoren und Aktivitäten finden Sie unter **kosmos.de**

Gedruckt auf chlorfrei gebleichtem Papier.

ISBN 978-3-440-16436-5
Redaktion: Gudrun Braun
Gestaltungskonzept: Peter Schmidt Group, Hamburg
Gestaltung und Satz: Claudia Adam Graphik Design, Darmstadt
Produktion: Claudia Frank
Druck und Bindung: Finidr, s.r.o., Český Těšín
Printed in The Czech Republic / Imprimé en République Tchèque

FSC
www.fsc.org
MIX
Papier aus verantwortungsvollen Quellen
FSC® C014138